思想者指南系列丛书（中文版）

THINKER'S GUIDE LIBRARY

思维的标准

INTELLECTUAL STANDARDS

（美）Linda Elder （美）Richard Paul / 著

高晓宇 / 译　王晓红 / 审校

外语教学与研究出版社
FOREIGN LANGUAGE TEACHING AND RESEARCH PRESS
北京 BEIJING

京权图字：01-2019-3644

Original copyright © Foundation for Critical Thinking, 2006
Chinese translation copyright © Foreign Language Teaching and Research Publishing Co., Ltd, 2019

图书在版编目 (CIP) 数据

思维的标准 /（美）琳达·埃尔德（Linda Elder），（美）理查德·保罗 (Richard Paul) 著；高晓宇译. —— 北京：外语教学与研究出版社，2022.6
（思想者指南系列丛书：中文版）
书名原文：INTELLECTUAL STANDARDS
ISBN 978-7-5213-3584-2

Ⅰ. ①思… Ⅱ. ①琳… ②理… ③高… Ⅲ. ①思维方法 Ⅳ. ①B804

中国版本图书馆 CIP 数据核字 (2022) 第 086275 号

出版人　王　芳
项目负责　刘小萌
责任编辑　万健玲
责任校对　刘小萌
封面设计　孙莉明　彩奇风
版式设计　涂　俐
出版发行　外语教学与研究出版社
社　　址　北京市西三环北路 19 号（100089）
网　　址　https://www.fltrp.com
印　　刷　北京虎彩文化传播有限公司
开　　本　850×1168　1/32
印　　张　2.75
版　　次　2023 年 6 月第 1 版　2023 年 6 月第 1 次印刷
书　　号　ISBN 978-7-5213-3584-2
定　　价　17.90 元

如有图书采购需求、图书内容或印刷装订等问题，侵权、盗版书籍等线索，请拨打以下电话或关注官方服务号：
客服电话：400 898 7008
官方服务号：微信搜索并关注公众号"外研社官方服务号"
外研社购书网址：https://fltrp.tmall.com

物料号：335840001

序言

思辨能力，或称批判性思维，由两个维度组成：在情感态度维度包括勤学好问、相信理性、尊重事实、谨慎判断、公正评价、敏于探究、持之以恒地追求真理等一系列思维品质或心理倾向；在认知维度包括对证据、概念、方法、标准、背景等要素进行阐述、分析、评价、推理与解释等一系列技能。

思辨能力的重要性是不言而喻的。两千多年前的中国古代典籍《礼记·中庸》曰："博学之，审问之，慎思之，明辨之，笃行之。"古希腊哲人苏格拉底说："未经审视的人生不值得一过。"可以说，文明的诞生正是人类自觉运用思辨能力，不断适应并改造自然环境的结果。游牧时代、农业时代以及现代早期，人类思辨能力虽然并不完善，也远未普及，但通过科学技术以及人文知识的不断积累创新，已经显示出不可抑制的巨大能量，推动了人类文明阔步前进。那么，进入信息时代、知识经济时代和全球化时代，思辨能力对于人类文明整体可持续发展以及对于每一个个体的生存和发展，其重要性更将史无前例地彰显。

我们已进入一个加速变化、普遍联系和日益复杂的时代。随着交通技术和信息技术日新月异的发展，不同国家和文化空前紧密地联系在一起。这在促进合作的同时，也导致了更多的冲突；人类所掌握的技术力量与日俱增，在不断提高物质生活质量的同时，也极大地破坏了我们赖以生存的自然环境；工业化、城市化和信息化程度的不断提高，全方位扩大了人的自由空间，同时却削弱了维系社会秩序和稳定的价值体系与行为准则。这一切变化对人类的思辨能力和应变能力都提出了前所未有的要求。正如本套丛书作者之一理查德·保罗（Richard Paul）在其所创办的批判性思维中心（Center for Critical Thinking）的"使命"中所指出的，"我们身处其中的这个世界要求我们不断重新学习，习惯性重新思考我们的决定，周期性重新评价我们的工作和生活方式。简言之，我们面临一个全新的世界，在这个新世界，大脑掌控自己并经常进行自我分析的能力将日益决定我们工作的质量、生活的质量乃至我们的生存本身。"

遗憾的是，面临时代巨变对人类思辨能力提出的新挑战，我们的教育和社会都尚未作好充分准备。从小学到大学，在很大程度上我们的教育依然围绕知识的搬运而展开，学校周而复始的考试不断强化学生对标准答案的追求而不是对问题复杂性和探索过程的关注，全社会也尚未形成鼓励独立思辨与开拓创新的氛围。

我们知道，人类大脑并不具备天然遗传的思辨能力。事实上，在自然状态下，人们往往倾向于以自我为中心或随波逐流，容易被偏见左右，固守成见，急于判断，为利益或情感所左右。因此，思辨能力需要通过后天的学习和训练得以提高，思辨能力培养也因此应该成为教育的不懈使命。

哈佛大学以培养学生"乐于发现和思辨"为根本追求；剑桥大学也把"鼓励怀疑精神"奉为宗旨。美国学者彼得·法乔恩（Peter Facione）一言以蔽之："教育，不折不扣，就是学会思考。"

和任何其他技能的学习一样，学会思考也是有规律可循的。

首先，学习者应该了解思辨的基本特点和理论框架。根据理查德·保罗和琳达·埃尔德（Linda Elder）的研究，所有的推理都有一个目的，都试图澄清或解决问题，都基于假设，都从某一视角展开，都基于数据、信息和证据，都通过概念和观念进行表达，都通过推理或阐释得出结论并对数据赋予意义，都会产生影响或后果。分析一个推理或论述的质量或有效性，意味着按照思辨的标准进行检验，这个标准包括清晰性、准确性、精确性、相关性、深刻性、宽广性、逻辑性、公正性、重要性、完整性等维度。一个拥有思辨能力的人具备八大品质，包括诚实、谦虚、相信理性、坚忍不拔、公正、勇气、同理心、独立思考。

其次，学习者应该掌握具体的思辨方法。如：如何阐释和理解文本信息与观点？如何解析文本结构？如何评价论述的有效性？如何把已有理论和方法运用于新的场景？如何收集和鉴别信息和证据？如何论证说理？如何识别逻辑谬误？如何提问？如何对自己的思维进行反思和矫正？等等，等等。

最后，思辨能力的提高必须经过系统的训练。思辨能力的发展是一个从低级思维向高级思维发展的过程，必须运用思辨的标准一以贯之地训练思辨的各要素，在各门课程的学习中练习思辨，在实际工作中使用思辨，在日常生活中体验思辨，最终使良好的思维习惯成为第二本能。

"思想者指南系列丛书"旨在为教师教授思辨方法、学生学习思辨技能和社会大众提高思辨能力提供最为简明和最为实用的操作指南。该套丛书直接从西方最具影响力的思辨能力研究和培训机构——批判性思维基金会（Foundation for Critical Thinking）原版引进，共21册，包括"基础篇"：《批判性思维术语手册》《批判性思维概念与方法手册》《大脑的奥秘》《批判性思维与创造性思维》《什么是批判性思维》《什么是分析性思维》；"大众篇"：《识别逻辑谬误》《思维的标准》《如何提问》《像苏格拉底一样提问》《什么是伦理推理》《什么是工科推理》《什么是科学思维》；"教学篇"：《透视教育时尚》《思辨能力评价标准》《思辨阅读与写作测评》《如何促进主动学习与合作学习》《如何提升学生的学习能力》《如何通过思辨学好一门学科》《如何进行思辨性阅读》《如何进行思辨性写作》。

由理查德·保罗和琳达·埃尔德两位思辨能力研究领域的全球顶级大师领衔研发的"思想者指南系列丛书"享誉北美乃至全球，销售数百万册，被美国中小学、高等学校乃至公司和政府部门普遍用于教学、培训和人才选拔。该套丛书具有如下特点：其一，语言简洁明快，具有一般英文水平的读者都能阅读。其二，内容生动易懂，运用大量的具体例子解释思辨的理论和方法。其三，针对性和操作性极强，教师可以从"教学篇"子系列中获取指导教学改革的思辨教学策略与方法，学生也可从"教学篇"子系列中找到提高不同学科学习能力的思辨技巧；一般社会人士可以通过"大众篇"子系列掌握思辨的通用技巧，提高在社会场景中分析问题和解决问题的能力；各类读者都可以通过"基础篇"子系列掌握思维的基本规律和思辨的基本理论。

可见,"思想者指南系列丛书"对于各类读者提高思辨能力均大有裨益。为了让该套丛书惠及更多读者,外研社适时推出其中文版,可喜可贺。

总之,思辨能力的高下将决定一个人学业的优劣、事业的成败乃至一个民族的兴衰。在此意义上,我向全国中小学教师、高等学校教师和学生以及社会大众郑重推荐"思想者指南系列丛书"。相信该套丛书的普及阅读和学习运用,必将有利于促进教育改革,提高人才培养质量,提升大众思辨能力,为创新型国家建设和社会文明进步作出深远的贡献。

孙有中
2019年6月于北京外国语大学

目录

引　言……………………………………………………………… / 01
　　人们经常会评估自己的思维，以及其他人的思维。然而，他们评估思维的标准并不一定合理、理性、可靠。为保证思考质量，人们需要符合思维标准，包括清晰性、精确性、准确性、相关性、深刻性、逻辑性等。

基本的思维标准………………………………………………… / 04

思维标准的概念………………………………………………… / 12
　　思维标准的概念是通过在语境中正确使用思维标准术语发展而来的。"思维标准"这一术语可以通过仔细思考"思维""标准"等概念的标准用法以及这些用法的含义来分析。

思维标准术语自成体系，其间含义相互关联………………… / 17
　　思维标准术语在自然语言中随处可见，每种文化中训练有素的推理者也会经常使用。当研究思维标准术语时，我们发现许多词的意义和用法都是重叠的，因此形成了词群；还发现思维标准之间存在着各种各样的细微差别。要充分理解思维标准术语，我们必须掌握它们的反义词。此外，思维标准可分为微观标准和宏观标准，微观思维标准指的是那些更明确、具体的标准（比如"相关性"和"准确性"等标准），宏观思维标准指的是更笼统的标准（比如"合理性"或"可靠性"等标准），这些标准以一个或多个微观思维标准为前提。

微观思维标准是宏观思维标准的前提………………………… / 21

思维标准是各个学科和领域的前提…………………………… / 35
　　每个学科和领域的专业人士（理论上）都是认同思维标准的。然而，一些专业人士似乎对思维标准并且对这些标准在其研究领域所起的作用认识不清。对认知标准缺乏明确认识和/或追求既得利益可能导致违反思维标准。我们建议在这些领域工作的人要能明确阐述在这些领域进行合理推理论证所必需的思维标准。我们在这里提供一些例子。

正确运用思维标准术语的能力需要培养 ················· / 45

人类大脑天然就具备认知能力，但认知过程（如分析、综合和比较）并不一定能达到认知标准。这些过程的质量可能参差不齐。因为大多数人对思维标准没有明确的认识，而且人们思考时并不是天然就会运用思维标准，因此他们往往无法达到这些标准。相反，以自我为中心和以社会为中心的标准在人类生活中很常见（这些标准使人们能够得到他们想要的东西，并保持以自我和群体为中心的偏见）。要想成为推理高手，人们需要学习和实践，在这一过程中使用并达到思维标准。

其他重要的区分与理解 ····································· / 54

除了自然语言中现存的多种思维标准外，还有很多术语基于一个或多个思维标准（如"正直""诚实""谦逊"等术语）。同样，也存在许多术语未能符合思维标准的情况（如"狡辩""欺诈""虚伪"）。我们还应该意识到，我们会用一些词语表示思考时遵循了某些思维标准，但在该语境中使用这些思维标准是不合理的。最后，理解思维标准最好的方式是将其与批判性思维的实质性概念联系起来。

批判性思维的 35 个维度 ·································· / 67
结　　论 ·· / 71
参考文献 ·· / 72
附　　录 ·· / 73

引　言

> 人类（名词）：一种动物，陶醉于他所想象的那个自我以至于对真实的自我视而不见。
>
> ——安布罗斯·比尔斯，《魔鬼辞典》，1906

> （批判性思维是）……对于有待接受的观点所进行的审查和检验，从而判断它们是否与现实相一致。批判的能力是教育和训练的产物，它是一种精神上的习惯和动力，是人类幸福的首要条件，所有人都应该受到这方面的训练。它是我们面对妄想、欺骗、迷信以及我们对自身及周围情况产生误解时的唯一保障。
>
> ——威廉·格雷厄姆·萨姆纳，1906

人类生活在充斥着各种想法的世界里。我们认为某些想法是正确的，因而接受它们；我们认为某些想法是错误的，因而抵制它们。然而我们认为正确的想法有时是错误的、不可靠的、具有误导性的；我们以为错误或无关紧要的想法有时却是正确且重要的。

人类大脑并不能自然而然地捕捉到事物的真相。我们不能一眼看到事物的本质，不能自发地分辨合理和不合理的事物。我们的想法常常被我们的日常工作、兴趣爱好和价值观左右。我们通常按照我们想要的样子来看待事物，曲解现实来适应我们先入为主的观点。曲解现实在人类生活中比比皆是，每个人都不可避免地犯这个错误。

我们每个人都会透过重重滤镜来看这个世界，常常会根据自身情感的变化转变我们的视角。并且，我们大多数的想法都是无意识且缺乏批判性的，受到社会、政治、经济、生理、心理和宗教等许多因素的影响。社会风俗与禁忌、宗教与政治观念、生理和心理冲动，这些都对人类思维有着潜移默化的影响。利己主义、既得利益与狭隘主义，都对大多数人的思想和情感生活有着深刻的影响。

我们需要一个干预思维的体系，一种预防错误思想的办法。我们需要理性地控制我们的认知过程，从而合理地判断应该接受哪些观点、拒绝哪些观点。简而言之，我们需要思维标准，这些标准可以指导我们保持优质的思考，让我们的思想不偏离轨道，可以帮助我们思考事物的真相，揭示不同情况背后的真相，并更好地决定如何度过我们的人生。

事实上，所有现代的自然语言[1]都为其使用者提供了一系列思维标准术语。若使用恰当，这些术语可以作为评估推理的重要参考。比如，"清晰性""准确性""精确性""相关性""深刻性""宽广性""逻辑性""重要性"和"公正性"[2]这几个词语描述了英语语言中的思维标准。在每种自然语言（德语、法语、西班牙语、朝鲜［韩］语、汉语、土耳其语等等）中都有它们的同义词。比如在法语中，同样的九个词是clarté、exactitude、précision、pertinence、profondeur、ampleur、logique、signification和impartialité。在德语中它们则是klarheit、richtigkeit、exaktheit、relevanz、tiefgang、vernetzung、logik、fokussierung和fairness。

在任何一种语言中，知道如何将这些思维标准恰当地应用到具体情境中，对于进行高质量的思考来说都是极其重要的。

换句话说，为了能理性地生活，人们需要建构自己的思维，使之变得清晰、准确、相关、重要、有逻辑等等。同时人们也需要明辨他人的思维，判断这些思维是否准确、有逻辑、重要等等。在我们生活的各个领域中，常规性地运用以上这九种思维标准对我们进行有效思考至关重要。同时，我们需要运用更为多样的思维标准，这九种标准只是其中的一部分。

本书旨在帮助人们认识思维标准以及描述它们的术语。最终，这样的认识将帮助人们在思考各个领域的话题时能够熟练运用思维标准进行更有效的思考。当然，限于篇幅，我们的介绍只是对思维标准进行系统

---

1 自然语言是指应用于日常生活的语言（比如英语、德语、法语、阿拉伯语、日语），说同一门语言的人在日常交流中使用它们。几千年来在同一个地区生活的人们在与他人交流的过程中创造了丰富的词汇和表达方式，自然语言就是从这些表达方式中发展而来。与自然语言相对应的是人工语言，它们被专门创造出来使某学科或某种兴趣爱好（比如自然科学、心理学、数学、棒球运动、各类技术等）等特定领域内的交流更便捷。虽然人工语言和自然语言中的一些表述是一致的，但并不应该将二者混淆。自然语言和人工语言之间的任何区别都应该分情况讨论。

2 这九个标准是保罗与埃尔德在过去十余年间研究的核心内容。本书不局限于讨论这九个标准，而将广泛探索思维标准的逻辑。

性分析的一个开端，相较于对思维标准更广阔、更完整的认识而言，仅仅是抛砖引玉。

我们的根本目标是向大家阐明熟练运用思维标准及其术语的重要性，旨在提高我们对生活各领域的思考。否则，我们思考和行动的质量就只能由机遇、直觉和某些自动运转的机制来决定了。

在将思维标准概念化的过程中，我们有如下假设：

1. 思维标准术语根植于我们日常所使用的语言，并且是人类在各个科目、学科和领域思考的前提。[3]
2. 自然语言中存在丰富的思维标准术语，我们可以用这些标准来规范我们的思考。[4]
3. 各个思维标准形成一个系列，彼此之间含义相互关联，可以被分类到"清晰性""准确性""精确性""相关性""重要性""公正性"等术语下。
4. 许多自然语言中的概念（比如"正直""同理心""公平公正"）虽然本身并不是思维标准，却都以思维标准为前提。
5. 要想熟练使用思维标准术语，需要经过系统的培养。
6. 各个学科和领域都要求达到思维标准，但大多数情况下，这些标准本身应该是清楚明确的（以便进行合理的检查）。
7. 如果我们思考时能够始终遵循思维标准，那么我们不仅能够掌控自己的生活质量，更广泛的意义在于建设一个真正重视批判性思维的社会。

总而言之，本书将简要分析英语语言中某些最为重要的思维标准，也关注这些标准的对立面。我们主张在各个学科和领域的不同语境下讨论思维标准，并且呼吁大家关注那些对有效思考产生负面影响的因素。

有了以上引言的铺垫，我们将开始介绍一些最基本的思维标准。

---

[3] 就"思维标准"而言，称它们为"思维标准术语"往往更准确。为使文字简洁易读，我们通常只称"思维标准"。概念和概念应用之间的关系是复杂的，如果不应用或探讨思维标准术语，理解或解释思维标准将困难重重。英语中的批判性分析词汇，如果使用得当，将对掌握思维标准起到关键作用。思维标准的范围也许超过了我们现在对它的应用范围，因为它可能包含许多我们尚未意识到的含义。但如果不去培养应用思维标准的能力，我们就无法为思考打下基础。这也是哲学家维特根斯坦和许多受他影响的哲学家曾阐释过的观点。总之，当我们讨"思维标准"时，我们通常是指"经过规范描述的思维标准"。我们所理解的思维标准，是（在受过训练的头脑中）将思维中可能存在的优点及缺点转化为的概念，这些概念通过在语境中合理应用得以体现。

[4] 本书以英语语境下的思维标准术语为重点，但我们假定在每种自然语言中都存在类似的思维标准体系，尽管它们可能略有出入。

基本的思维标准

我们假设至少有九种思维标准对于处理日常事务是重要的,之前也已经提及:清晰性、精确性、准确性、相关性、深刻性、宽广性、逻辑性、重要性和公正性。

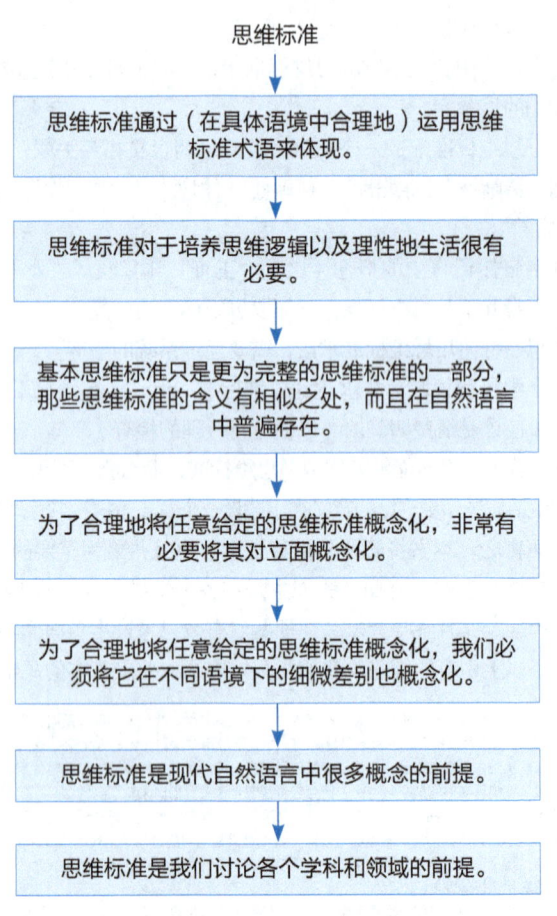

思维标准之所以重要，在于它们的不可废除性。换句话说，如果我们声称某个推理是合理的，但它与这些思维标准背道而驰，这就不可理喻。为了更好地理解这一点，我们假想一个人声称他的推理在某方面是合理的，但同时也承认他的推理在该方面是不清晰、不准确、不精确、不相关、不宽广、不深刻、无逻辑、不重要且不公正的，这岂不是很可笑？先学习这九种思维标准有助于我们将思维标准概念化（到更广阔的范围），并领会思维标准对于推理的关键作用。

以下是对这些基本思维标准的说明：[5]

> **清晰性**：可理解的，能够领会意思；免于困惑和歧义，避免晦涩难懂。
>
> 清晰性是最基础的标准。如果某个说法不清晰，我们就没办法判断它是否准确、是否切题。事实上，因为我们不知道它讲了什么，所以我们没办法判断与之相关的任何事情。比如，"该怎样改进美国的教育体系？"就是一个不清晰的问题。为了解决好这个问题，我们需要对提问者所考虑的情况有更清晰的理解。更为清楚的问法是："要确保学生学到必要技能和必备能力，使他们能够胜任工作并在自己的日常生活中善作决断，教育者们应该怎么做呢？"
>
> 思维往往都是较为清晰的。我们不妨这样说，即只有当我们可以对一个想法进行详细阐述、解释说明和举例证明时，才算充分理解它。用来考证思维是否清晰的问题包括：
>
> - 你能详细阐述那个观点吗？或我需要详细阐述那个观点吗？
> - 你能用另一种方式表达那个观点吗？或我能用另一种方式表达那个观点吗？
> - 你能解释说明这个观点吗？或我需要解释说明这个观点吗？
> - 你能举个例子来说明吗？或我需要举个例子来说明吗？

（待续）

---

[5] 本书探讨了日常用词中常出现的各种思维标准。然而，大多数日常用词都不止有一种含义，并且有时这些词的含义与思维质量的评价毫不相关。因此应注意，当我们提到作为思维标准的词语或以思维标准为前提的词语时，我们采用的只是它与合理评价推理相关的用法。

（续表）

- 让我用自己的话来复述一下你所说的内容。我理解得正确吗？
- 我听到你说"……"。你说的是这样吗，还是我听错了？

准确性： 不存在错误、差错和曲解；真实、正确。

某个说法可能清晰，但并不准确，比如"大多数狗的体重都超过了三百磅"。

思维往往都是较为准确的。我们不妨这样说，即只有当我们能够确认某个说法呈现的是事情的真相时，我们对这一说法的评价才算充分。用来考证思维是否准确的问题包括：

- 我们如何核实它是否准确呢？
- 我们如何证实所谓的事实呢？
- 考虑到信息来源，我们能否信任这些信息的准确性呢？

精确性： 必要细节精确无误，具体。

某个说法可能既清晰又准确，但并不精确，比如"杰克体重超重了"（我们不知道杰克超重多少，一磅或是五百磅）。

思维往往都是较为精确的。我们不妨这样说，即只有当我们能具体说明某个说法时，才算充分理解它。用来考证思维是否精确的问题包括：

- 你能再多提供些细节吗？
- 你能说得再具体些吗？
- 你能更详尽地解释一下你的说法吗？

相关性： 与正讨论的事相关；表明与正考虑的事之间有紧密的逻辑关系并对其有重要意义。

某个说法可能是清晰、准确、精确的，但它与现有问题不相关。比如，学生常常认为他们在某门课程中投入了努力，那么他们的成绩应该会提高。然而，努力程度并不能用来衡量学生的学习质量，这种

（待续）

(续表)

情况下努力与他们应得的成绩就是不相关的。

思维往往易于偏离当下的任务、问题或议题。我们不妨这样说，即只有当我们已经考虑了所有相关的议题、概念和信息，我们对思维的评价才算充分。用来考证思维是否具备相关性的问题包括：

- 我没看出你所说的和问题有什么关系。你能向我解释它们之间的关联吗？
- 你能解释一下你的问题和我们正在处理的问题之间的联系吗？
- 这一事实与议题之间有何关联？
- 这个想法和另一个想法之间有何关联？
- 你的问题和我们正在处理的议题有何关联？

深刻性：具备复杂性和多重相互关系；表明充分思考了在各种情境、背景、观点和问题背后的可变因素。

某个说法可能清晰、准确、精确、相关，但却肤浅（缺乏深度）。比如"直接说不"，这句话多年来被用以劝阻孩童和青少年吸毒，它是清晰、准确、精确和相关的。然而，那些希望通过这一命令来解决毒品滥用这一社会问题的人忽视了这个问题的真正复杂性，他们的思维最多只能被评价为肤浅。

思维可能停留在表面，也可能深入到事物和议题的内里。我们不妨这样说，只有当我们充分考虑了事物内在的复杂性，我们对思维的评价才算充分。用于考证思维是否深刻的问题包括：

- 这个问题是简单还是复杂？给出完善而准确的回答是简单还是困难？
- 这个问题复杂在哪里？
- 我们该如何处理这个问题的内在复杂性？

宽广性：涉及多种观点，见解全面综合，态度上开明无偏见。

某个推理可能是清晰、准确、精确、相关、有深度的，但却缺乏

（待续）

（续表）

广度（比如那些来自保守派或自由派的观点，虽然详细阐释了一个议题的复杂性，却只认可单一角度的见解）。

思维，或宽广，或狭隘。宽广的思维要求思考者依据一种以上的观点或参考框架进行深入的推理。我们不妨这样说，只有当我们认识到解决这一问题需要的思维广度（以及已经实现的广度），我们对思维的评价才算充分。用来考证思维是否宽广的问题包括：

- 与议题相关的观点有哪些？
- 目前为止我忽略了哪些相关的观点？
- 我是否因为固执己见而没有考虑到事情的另一面呢？
- 我是否认真思考对立面的观点，还是只是试图从中发现漏洞呢？
- 我已经从经济的角度思考过这个问题。我是否尽到了我的道德义务呢？
- 我已经从自由派的角度考虑过这个问题。保守派又会有哪些观点呢？

逻辑性：各个部分相互呼应，互不矛盾；判断可靠，合情合理。

我们思考时会将各种想法按某种逻辑排列起来。这些想法组合在一起时，如果能相互支撑并且言之有理，那么这样的思维就是有逻辑的；反之，如果前后矛盾，或者说不通，那么思维就缺乏逻辑。

思维往往是有逻辑、一致且协调的。不同的思维组合在一起可能讲得通，也可能自相矛盾。用于考证思维是否有逻辑的问题包括：

- 这些想法是有逻辑地结合在一起的吗？
- 这真的讲得通吗？
- 这与你所说的相符吗？
- 你所说的与论据相符吗？
- 之前你表明了那样的观点，现在你又这样说，我不明白这两者如何能同时成立。所以你的观点到底是什么？

（待续）

（续表）

重要性： 具备重要性；有重大意义。

当我们分析某议题时，我们希望聚焦于（与议题相关的）最重要的信息并思考最重要的想法和概念。然而我们常常认识不到，虽然很多想法都与议题相关，它们却并不同等重要。同样，我们可能没能问出最重要的问题，却深陷于那些表面的、不重要的问题。比如在大学里，少有学生关注"成为一个受过良好教育的人意味着什么？我要怎样做才能使自己成为那样的人？"这样的重要问题。相反，学生常常关注的是"我要怎样做才能在这门课拿到 A？这篇论文要求多少字？我要怎样做才能使这位教授对我满意？"

思维可以思考重大的事情，也可以思考肤浅的事情。它可以关注那些最本质、有着最重大结果和最重要影响的方面，也可能去关注那些微不足道并且肤浅的方面。用于考证思维是否具备重要性的问题包括：

- 我们解决这个问题需要的最重要的信息是什么？
- 这件事在特定情境下的重要性体现在哪里？
- 这些问题中哪个最重要？
- 这些想法或概念中哪个最重要？

公正性： 免于偏见、谎言、偏袒、私利、欺骗和不公。

我们会本能地站在自己的角度思考，持有对自身有利的观点。公正意味着对所有相关观点持同样的态度，不因自身喜好或利益而有所偏袒。鉴于我们常常会偏袒自己的观点，将公正性这一思维标准放第一位是有必要的。特别是当形势所迫，我们不得不需要看到一些自己不愿看到或是放弃一些我们不想放弃的东西时，这一点尤其重要。

思维应是较为公正的。只要出现一种以上与情况或背景相关的观点，思考者就有义务认真思考所有相关的观点。要发现相关的观点有哪些，就要通过留心当下所面临的问题来判断。用于考证思维是否公正的问题包括：

（待续）

（续表）

> - 特定团体在这件事上是否有既得利益，使他们倾向于曲解其他相关的观点呢？
> - 我是否设身处地地站在他人的视角思考？
> - 我们处理这个问题的方式是公正的吗？还是说我们的既得利益妨碍了我们从其他角度思考这个问题？
> - 某个团体使用的概念是合理的吗？某个团体是否通过使用不合理的概念来操纵局面（以此维护权力、获得掌控等等）？
> - 这些法律是公正而道德的吗？它们是否侵犯了某些人的权利呢？

思维的标准 / 11

以下是一个有助于我们较快判断这九个基本思维标准的图表。

清晰性	能进一步阐释吗？ 能举出实例吗？ 能举例说明你的意思吗？
准确性	如何进行核查？ 如何证明其真实性？ 如何进行核实或验证？
精确性	能再具体一些吗？ 能提供更多细节吗？ 能再精确一些吗？
相关性	与问题有何关联？ 对问题有何影响？ 对解决问题有何帮助？
深刻性	问题的难点来自哪些方面？ 问题的复杂性有哪些方面？ 要克服的难点包括哪些？
宽广性	是否需要从另一侧面观察问题？ 是否需要换一个角度观察问题？ 是否需要换一种方式考虑问题？
逻辑性	整个推理够清楚吗？ 首尾段落是否相呼应？ 结论是否有据可依？
重要性	这是最需要考虑的问题吗？ 这是否是核心观点？ 哪些事实最重要？
公正性	这个问题是否涉及我的既得利益？ 我能否设身处地地理解他人的观点？

前述的几个重要的思维标准为我们理解思维标准提供了一个良好的起点，但它们只是英语语言中现存的思维标准的一部分。在我们进一步探索思维标准术语之前，让我们暂且退后一步，简要分析一下思维标准的概念本身。

思维标准的概念

思维标准的概念根植于自然语言中

英语语言中每个词汇都可以在词条完备的词典中找到确定的用法。因此为将思维标准概念化，我们需要考虑"思维"和"标准"（以及其他相关词汇）在词典中的确定用法，然后将本书中的分析见解整合起来，从而确切地阐释思维标准的概念。

探究"标准"的概念

让我们从"标准"和它的同义词"准则"开始讨论。思考以下定义：

标准是指度量衡、原则、模式，用于比较同类事物，以确定它们的数量、价值、质量等（如药物纯度的标准）；**准则**指考查或规则，用于衡量某个事物是否优质、恰当或正确（仅仅依靠记忆力不足以精确衡量智力）。[6]

因此标准和准则就是规则或原则，用来衡量某样东西的质量，并依此来判断接受它还是拒绝它。在判断和衡量事物这一用途上，这两个词的用法是相同的。

标准普遍存在于日常生活中

作为人类，我们每天都在判断应该接受什么、拒绝什么。我们无法

---

6 《韦氏新世界大学词典》（第四版），约翰威立国际出版集团，2007。

在没有标准或准则的情况下进行判断。思考以下事例，并关注每个事例中用来判定质量的"标准"：

- 为了判断一个面包是否具有合格的质量，我们可能会用到以下标准：面包发酵的程度、内部的口感、面包皮的口感、面包厚度、松软程度等等。如果我们是制订配方的糕点师，我们不仅仅会用到以上通用的标准来评定面包的质量，还会采用与我们的口味和环境相关的更精确、特定的标准。这些标准可能包括：面包是否发酵到了某一特定程度，面包内部和面包皮口感是否和某一特定程度一致，面包是否具有特定的口味、是否达到具体的重量等等。一旦我们确定了配方的特定标准，之后制作的每个面包都会与这个设置好的标准进行比较。每个面包的质量将由这些标准来决定。
- 为了判断我们指导的网球运动员（假定我们是他的教练）在某特定级别比赛中的竞争力，我们或许需要先了解顶级运动员的平均技能水平，并以此制订一系列标准以判断我们的运动员的技能竞争力。在制订标准时，我们需要考虑后场表现、网前表现、运动员的健康水平、面临压力时的心理素质、一发和二发的平均成功率、胜负比、运动员和某特定运动员的对比成绩记录等等。随后我们可以用根据顶级运动员在特定级别比赛中的技能水平所制订的标准来判断我们的运动员在这些方面的技能水平。
- 为了评价一位试戏演员的演技（假设我们是导演），我们可能需要考虑演员声音的特质和语调、是否有能力生动地表达台词、能否准确塑造人物形象并与观众产生情感共鸣等。以上每类我们都会有一定的标准并会将演员的表现与这些标准相比较。其中一些标准可能是我们通过对特定剧作和各类角色的理解所作的个人判断。

我们认为，生活中人们对标准的应用无处不在，并且他们对此习以为常。小到每天吃什么、业余时间做什么，大到个人的职业选择，我们无时无刻不在构建和应用标准。下面引用的某旅店房间中咖啡包装盒上的一句话便是例子：

"本庄园生产的咖啡采用独家配方，选用进口特色咖啡豆精心制作而成，并分小批烘焙来达到我们特定的标准。"

——沃尔夫冈·普克

总之，我们每天都在作判断，作判断时我们总会运用标准。没有标准我们将失去判断能力，至少没有标准作为前提我们是无法判断的。

此外，在每个对技巧有要求的领域，总有一些人渴望达到标准——在音乐、美术、体育、育儿、婚姻、公共演说、戏剧、科学、文学、建筑领域是这样，在涉及人类思想和行为的每个领域实际上也都如此。卓越的标准是参考行业里最优秀者的表现制定的。

当然，对于特定的技术领域，人们抱有的积极性不同，能力发展也会有个体差异。有些人最终能够达到最高的标准，有些人只能勉为其难达到较低的标准。

或许我们每个人都应仔细思考一下生活中想要努力达到的标准是什么，并且要能意识到这些标准。这是因为，只要掌握了这些标准，我们就能够掌控那些决定我们生活质量的想法、欲望和情感。

探究"思维"的概念

我们已经对"标准"一词的日常用法和它对人类生活的作用有了一些了解，现在让我们来思考一下"思维"这一词汇。理解"思维"的含义会更复杂，因为我们不仅需要考虑"思维"这个词本身，还要考虑诸如"有才智的""智力"等相关词汇。而且，在分析时我们还要探究这些词的某些重要含义，并将这些含义相互关联起来。下文会更清晰地介绍这一点。

让我们从"思维""智力"和"有才智的"这三个词开始讨论。

"思维"通常意味着具备智力或是展现出较高水平的才智。"智力"指推理出或觉察到事物之间的关联和区别的能力，是我们头脑中认知和理解事物的那部分能力。"智力"也意味着具备思考能力、良好的心理能力以及较高的智力水平。"有才智的"指头脑机警、悟性高、有洞察力、有见地、聪慧而睿智；通常也用来指善于从经验中学习、获取和记住知识以及在新环境中快速作出恰当反应的能力；还常指能够通过推理来解决问题、成功地指导行动并作出明智的判断等。[7]

值得注意的是，这些含义还包含了一些重要概念，理解这些概念的含义有助于我们认识思维标准的概念。这些概念包括"推理""知道与领会""作出合理判断"等。

"推理"是指理性而有逻辑地思考并作出推论的能力。"理解力"是指人们理解事物的能力，通常最终能达到领会的目的，需要较高水平的洞察力和高超的才智。"作出合理判断"是指有逻辑或准确地评估局势并得出合理结论的能力。"知道与领会"是指对某事具有清晰的见解或理解，并对此深信不疑，这需要清晰而确定的理解能力。[8]

"思维"一词，若与其他相关词汇结合起来，意思是在学习知识的过程中能够进行合理的推理和判断。它通常也意味着具备智力这一优越天赋，有能力通过头脑思考作出明智的决定，运用推理解决问题、合理安排行动。最后，这个词也表明清晰的认知和有逻辑的推理。

---

[7] 这些定义引自《韦氏新世界大学词典》（第四版）（或直接引用，或稍作改动），约翰威立国际出版集团，2007。
[8] 同注释7。

"思维标准"的概念

基于前面所述的含义和分析,我们将这样定义"思维标准"的概念:

> 思维标准是指为了能够作出合理判断或推理、获得(有别于错误看法的)知识和明智的见解、理性而有逻辑地思考,人们所必须达到的标准。

总之,我们用"思维标准"指代那些使我们能作出合理判断并理性理解问题的标准。[9]这些标准有利于我们的意识不断觉醒,有助于我们对自身和他人的思维优势和思维缺陷进行评价。要想成为通情达理、不偏不倚的人,我们必须遵循思维标准,不论这些标准聚焦的是思维的内在结构还是其整体特征。我们在评估思维与看法时必须运用标准,这一点别无选择。我们唯一可以选择的是运用什么样的标准。大多数人很少会反思他们所用的标准,再加上人类大脑并不是天生就会运用思维标准,所以人们往往自以为运用了某些标准,但实际上所用的这些标准常常极度以自我为中心或以群体为中心。

成熟的思考者能意识到,如果希望过上成功且理性的生活,至关重要的一点就是要达到思维标准的要求。因此他们通常会达到要求,而且能在自己或他人没有达到要求时有所意识。

---

9 我们认为,本书对于"思维标准"这一概念的阐释,是与"思维"和"标准"两个术语组合在一起可能产生的标准用法相一致的。我们也承认,像所有其他词汇那样,"思维标准"可能存在其他合理的用法,或者这个词的用法可能会在将来得到进一步扩充。

思维标准术语自成体系，
其间含义相互关联

对思维标准最佳的理解是这样的：它们是一系列概念，这些概念在许多方面相互关联，有时彼此重叠，又往往存在各种各样的差异（可以服务于多种目的）。这些概念可以帮助我们作出合理的判断，对推理论证作出最有意义的评估。

思维标准术语本质上可以具体，也可以笼统。这些术语可以促成其他术语的产生。它们的适用范围可能有限，也可能广泛。

在这一部分，我们将举例说明思维标准术语如何组成一个个"星座"。我们将着重介绍英语中最重要、最有用的思维标准。读者需要认识到，我们举的例子只是众多思维标准之中的一小部分。如果经常应用我们介绍的这些思维标准，人们判断和决策的质量就会得到显著提高。我们将分组呈现这些术语，把每组最典型的例子放在正中间，其他相关、相似的概念则放在四周。[10] 每个这样的术语"星座"都有一个核心概念，星座内的术语间又有细微的差别。人们有时会把它们当成同义词来使用。

在每一个思维标准术语"星座"的右侧，你将会看到这些标准的对立面。要想充分理解任何一个思维标准术语的概念，就必须了解不同情境下人们会如何背离这一标准。如果我们在学习思维标准的同时，也去了解标准的对立面，我们就可以融会贯通了。

需要再次强调的是，本书做的只是一个初步的分析，毕竟英语语言中至少有几百个词语可以在某些语境下被用作思维标准术语，而且还有很多词汇源于对思维标准的恰当运用。因此，本书的目的不在于制作一个思维标准的详尽列表——那可能会和百科全书一样厚。我们的目标更

---

10 读者阅读我们的术语"星座"时应当意识到，放置在"星座"正中间的核心术语是由实际任务需求决定的，因此"星座"可以有多种表示形式。

为简单，就是举例介绍英语中最重要的思维标准，它们相互关联，如同繁密的织锦（我们可以依据这些思维标准来对所有推理进行评估）。

基于此，本书将尽最大努力介绍典型的思维标准术语。

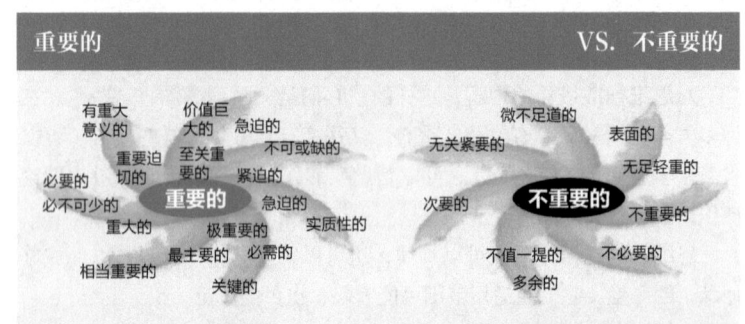

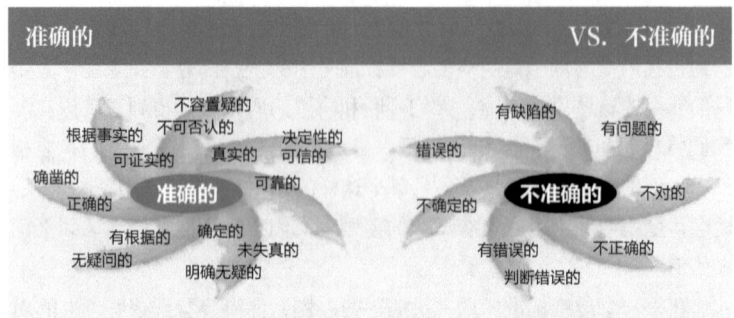

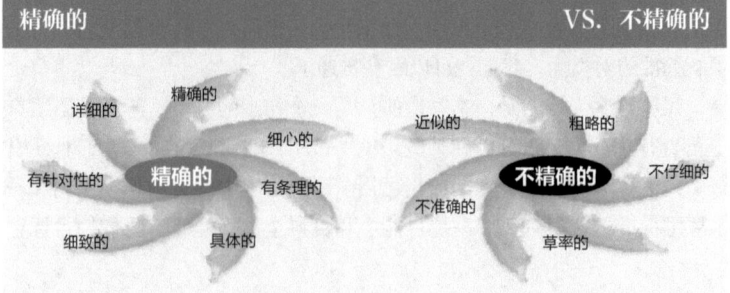

思维的标准 / 19

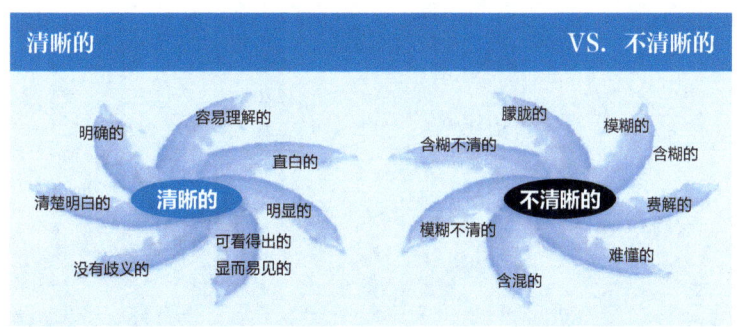

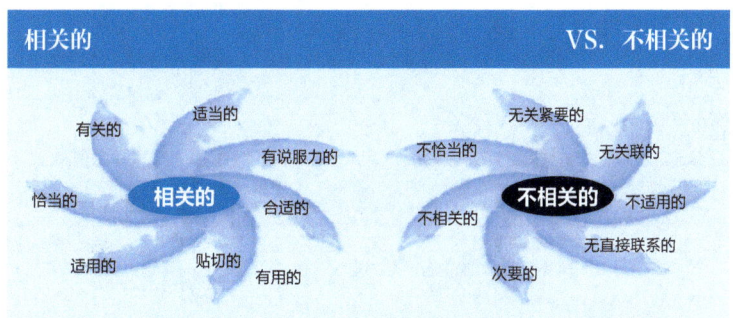

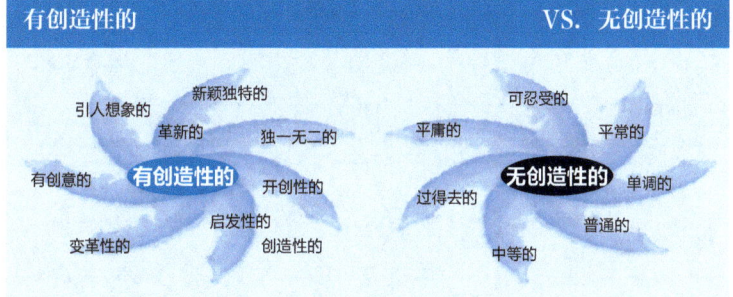

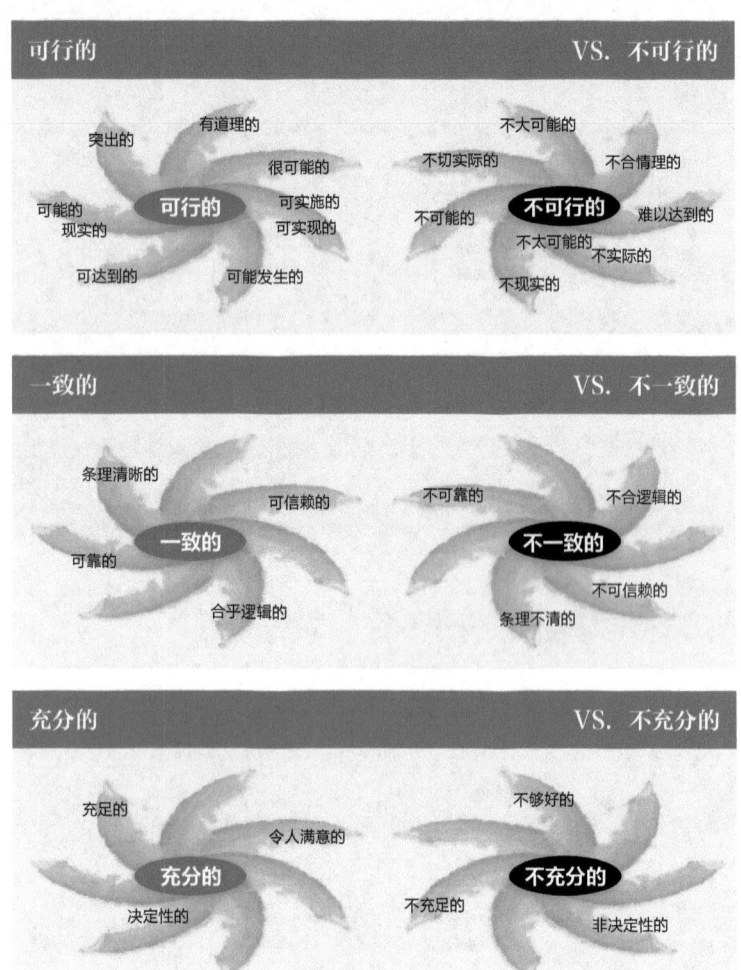

微观思维标准是宏观思维标准的前提

目前为止我们讨论过的思维标准都明确描述了思维评估的具体方面，因此可以归类为"微观思维标准"。例如：这个想法是否清晰？这则信息是否相关？这种想法是否前后一致？符合微观思维标准对于高水平的推理论证而言是必要条件，但仅仅符合一条或多条微观思维标准并不代表完成了当前的思考任务。要记住，思维可以是清晰但不相关的，可以是相关但不精准的，也可以是准确但不充分的，如此类推。

如果我们要进行的推理论证是单一逻辑的（也就是说，我们要解决的问题已经有既定的解决程序），那么微观思维标准可能足以满足需求。但要通过推理论证来解决多维度问题时（也就是当该问题需要我们对多种对立的观点权衡判断时），我们不仅需要微观思维标准，还需要"宏观思维标准"。宏观思维标准的范围更广，能够将我们对微观思维标准的运用整合起来，扩展我们对思维的理解。例如，思考一个复杂的问题时，我们需要保证思维是合理、可靠的（或者说是令人满意的，这些都是比微观思维标准含义更宽泛的术语）。要使思维合理或者可靠，我们至少先要保证它是清晰、准确和相关的。不仅如此，当某一问题涉及多个相关的观点时，我们需要具备比较、对照和整合这些观点的能力，才能确定自己在这一问题上的立场。因此，使用宏观思维标准（例如合理性和可靠性）能使我们的推理更深入、更全面、更多元。

理解了宏观思维标准对于人类思维的重要性，我们便可以有针对性地预防微观思维标准的选择性运用。

微观思维标准、宏观思维标准以及既得利益问题

人类往往倾向于有选择地使用思维标准，以维护和进一步实现自身利益以及既得利益。例如，我们思考问题时倾向于只考虑那些有利于自

身或自身群体利益的信息（当然，这些信息可能是准确并且相关的）。同样，我们倾向于无视、曲解（或是以错误的方式呈现）那些同样相关却与我们想法相异的信息。我们往往将一已私欲置于他人的需求与欲望之上。因此我们需要理解宏观思维标准，才能避免选择性地、狭隘地、带有偏见地运用微观思维标准。换句话说，当以高标准运用思维标准时，我们会尽力保证公平，同等注重自己和他人的权利与需求。而当以低标准运用思维标准时，我们会挑选那些最能服务于个人私利的标准，而不关心追求个人私利会给他人带来什么影响。

请思考下面这些宏观思维标准（多维度思维标准）和它们的反义词。

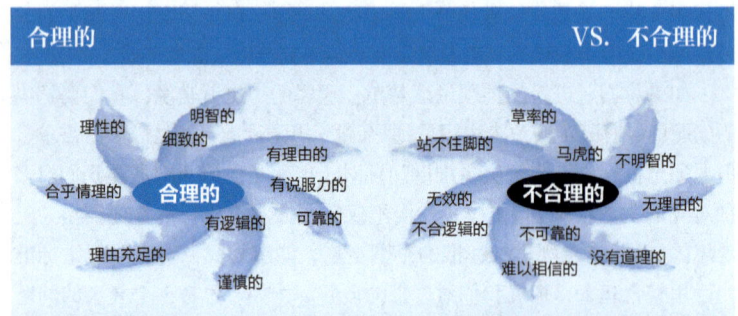

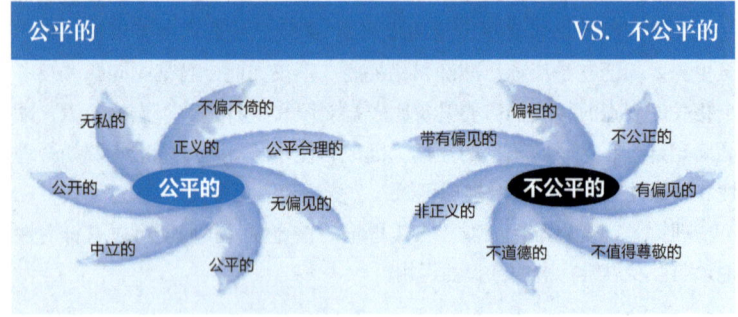

思维的标准 / 23

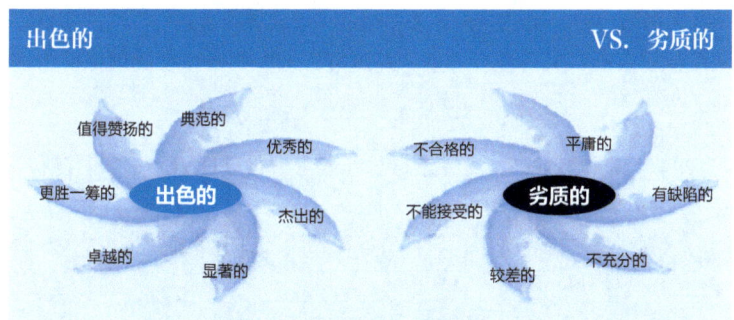

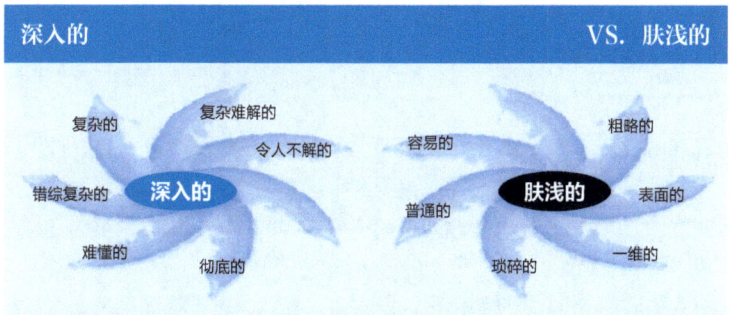

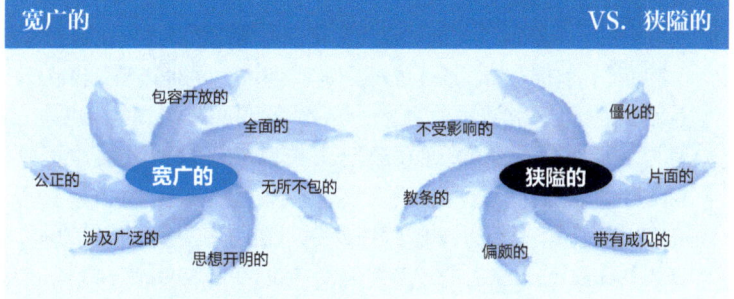

下面列出的宏观思维标准意义相近。请读者阅读这些标准的简略定义，留意它们含义的重合之处，并思考它们以哪些微观思维标准为前提。[11]

有说服力的 (Cogent)：需要逻辑思维能力或推理能力的；切中要害的；相关的；恰当的。

令人信服的 (Convincing)：显得值得信赖的；有道理的；证据充分、有说服力的。

细致的 (Careful)：考虑周全的；不辞劳苦工作的；精准的；深入细致的。

强有力的 (Forceful)：有力的；充满活力的；基于可靠的推理与论据而有影响力的。

有理由的 (Justifiable)：可以被证明为有效的、公平的、正当的；基于证据，理由充足的，合乎情理的。

明智的 (Judicious)：对于观点判断有甄别力的；明智的，合理的，稳妥的。

有力的 (Powerful)：形容演说、演讲者、描述、推理等因为基于可靠论证或论据而有强大的影响力。

理性的 (Rational)：具备或能够运用推理、可靠的判断力或良好的理解力的；有理有据，通过逻辑推理而行事的（与通过经验或情感行事有明显区别）。

合理的 (Reasonable)：经过逻辑推理或可靠思考的；由事实支撑或证明的；有理性行为或理性决策等能力的。

谨慎的 (Rigorous)：严格注意全面性、精确性、准确性和逻辑性的。

可靠的 (Sound)：有能力的，明智的，有效力的；在真实性、公正性、智慧和推理方面是没有缺陷的；基于合理的推理的；没有逻辑错误的；详尽细致的；完整周全的；展现出良好的常识和判断力的；冷静明智的。

---

11 这一部分引用的所有字典释义都来自一个或多个参考文献（这些文献已在本书最后的"参考文献"部分列出），这些释义也可以在任何一部精心编纂的字典中查到。

宏观思维标准的具体含义并不固定，取决于当前问题的内在逻辑中所暗含的对思维的需求。例如，正确解答一个科学问题时需要的思维标准就不同于对司法系统或育儿哲学给出合理建议时需要的思维标准。因此，人们在思考过程中展现出多大程度的合理性，取决于他们在特定语境下运用批判性思维思考问题的程度。换句话说，取决于人们搜集到的信息在多大程度上与问题相关，取决于人们是否检验了这些信息的准确性，同时是否考查了这些重要的观点分别有哪些合理之处与薄弱之处等。因此，一个宏观思维标准以哪些微观思维标准为前提很大程度上由具体情况和语境决定。

换言之，解答一个科学问题与解答伦理学、心理学、经济学问题相比所需的标准相去甚远。运用什么宏观思维标准需要依据每个问题具体的语境来决定。

最后一点，在某些语境下，我们列举的宏观思维标准可能作为微观思维标准也适用。例如，逻辑性这一标准有时候会被赋予相对单一、具体的意义，用以形容一致（比如"这一则信息是否与那一则信息内在一致？"）；它也可以被赋予更广泛的意义（比如"基于给定的所有依据，这是不是一个符合逻辑的结论？"）。因此，将所有思维标准绝对地归类为微观或宏观是没有意义的。我们进行逻辑推理时，应根据具体情况来确定这些标准是微观标准还是宏观标准。

思维标准之间有细微的相似与不同之处

正如之前所介绍的，我们最好将思维标准理解为一系列相互关联、彼此重叠的概念，而不是一系列独立的概念。一本精心编纂的词典有时会指出这些术语之间的微妙关联，同时指明某些思维标准是如何包含其他思维标准的，例子如下一页所示：[12]

---

12 同注释11。

下面这些形容词都形容与某一事物直接相关。

相关的（Relevant）形容一个事物与某一主题或某一议题有联系：开展与她的研究相关的实验。

有关的（Pertinent）形容一种符合逻辑的、精准的相关性：布置有关的文章给学生阅读。

贴切的（Germane）形容关系紧密，内容恰当："他问的问题很贴切，紧扣议题。"
（马林·菲茨沃特）

重要的（Material）形容一个事物不仅与问题相关，而且十分关键：重申诉讼中的重要事实。

恰当的（Apposite）形容显著的适宜性与相关性：在论文中运用了恰当的语言风格。

恰切的（Apropos）形容既贴切又适宜：一条恰切的言论精准地回答了我的问题。

下面这些名词指代的是与事实或现实相符这一特征。

真相（Truth）这个词语有多种含义，各种含义虽然有细微差别，但都包含准确和诚实的意思："我们追寻真相，并将承受其带来的一切后果。"
（查尔斯·西摩）

真实（Veracity）是指与事实真相相符的："真实是道德的核心。"
（托马斯·亨利·赫胥黎）

真理（Verity）通常指持久的、反复被证明的真相："那些被视作永恒真理的信仰。"
（詹姆斯·哈维·鲁滨逊）

逼真（Verisimilitude）形容貌似真相或事实的："仅凭细节依据，想要给原本苍白无力的描述增加艺术逼真性。"
（威廉·施文克·吉尔伯特）

下面这些形容词形容判断没有受偏爱或偏好影响，不夹杂个人利益。

公平的（Fair）是最为普遍的形容：一项公平的裁决；一次公平的交易。

（待续）

（续表）

> 正义的（Just）强调从伦理上讲是正确或恰当的："正义而且持久的和平。"　　　　　　　　　　　　　　　　　（亚伯拉罕·林肯）
>
> 公平合理的（Equitable）形容通过论证是公正的，或良知和直觉认为是公平的：公平地将礼物分给孩子们。
>
> 中立的（Impartial）形容不加偏袒的："中立得不近人情的裁决。"　　　　　　　　　　　　　　　　　　　　　（埃德蒙·伯克）
>
> 无偏见的（Unprejudiced）指没有先入为主的意见或判断：对这一项提议作无偏见的评估。
>
> 不偏不倚的（Unbiased）指没有偏好或偏袒：不偏不倚地描述她的家庭问题。
>
> 客观的（Objective）指不带私人情感进行观察和判断：一个客观的陪审团。
>
> 冷静的（Dispassionate）形容不带强烈感情的，或不受强烈感情影响的：一个冷静的记者。

现在让我们看一下自然思考的过程如何与思维标准的使用联系起来。

自然认知过程不一定以合理运用思维标准为前提

认知过程对于人类思维的培养非常重要，这些过程包括归类、推断、假设、计划等。但是，我们不能理所当然地认为完成了这些过程的人就一定能进行高水平且训练有素的推理。例如，我们作出了计划，但这并不代表计划得宜，有时我们可能计划得很糟糕。一个人能作计划并不意味着他就具有高水平的认知能力。

要想具备高水平的思维，我们在思考时要遵循思维标准。人类大脑中自然发生的一些认知过程如下一页所示（其中意义相似的词语被列在了一起）。

- 分析
- 整合，合并
- 比较，对比
- 推断，解释，下结论，演绎
- 假设，假定
- 概念化
- 评估
- 计划
- 监视
- 反思
- 思考
- 收集（信息等）
- 识别
- 归类，分组，分类
- 辨别
- 排序
- 分辨因果
- 预测
- 集中注意力
- 记忆
- 检验概念与假设

能够进行表中所列的任何一个认知过程并不代表能进行高质量的思考。我们往往需要用思维标准进行严格的审查。让我们以对下面三个认知过程的审查为例。

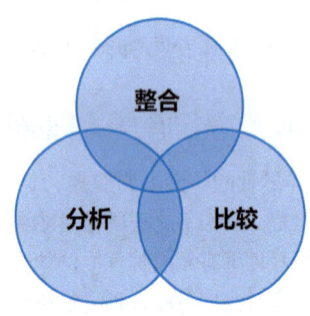

优质的思辨分析过程需要遵循思维标准

要分析思维就要将它拆分开，逐部分检验。思维有八个基本组成要素：所有思维都有一个目的，都从某个观点出发，都基于某些假设，都会产生某些影响和结果，都运用概念、想法和理论来阐释数据、事实和经验，以此达到回答或解决问题的目的。也就是说，所有思维都：

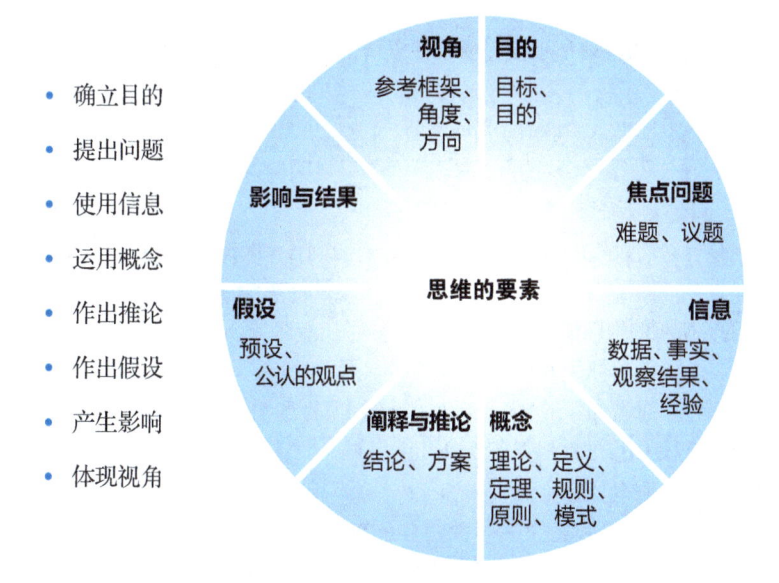

- 确立目的
- 提出问题
- 使用信息
- 运用概念
- 作出推论
- 作出假设
- 产生影响
- 体现视角

思维的要素

- 视角：参考框架、角度、方向
- 目的：目标、目的
- 焦点问题：难题、议题
- 信息：数据、事实、观察结果、经验
- 概念：理论、定义、定理、规则、原则、模式
- 阐释与推论：结论、方案
- 假设：预设、公认的观点
- 影响与结果

对思维进行分析，和其他所有的认知过程一样，完成质量可好可差。我们持有某种目的，不代表这个目的一定合理。我们作出推理，不代表这个推理符合逻辑。因此，当我们分析思维时，必须在分析的每一个环节运用相关的思维标准。

阅读下面这张推理评估清单，看看你能否发现其中的思维标准。

推理评估清单

1. **所有的推理都有一个目的。**
   - 花时间把你的目的阐述清楚。
   - 将你的目的和相关的目的区分开来。
   - 定期检查推理，确保你没有偏离目标。
   - 选择有重大意义并且实际的目的。

（待续）

（续表）

2. **所有的推理都是要弄懂某件事情，回答某个疑问，解决某个问题。**
   - 清晰准确地阐述当前问题。
   - 用几种不同的方式来表述问题，以明确其具体含义和范围。
   - 将问题分解成多个子问题。
   - 将以下三种问题区分开来：有明确答案的问题、回答因个人看法而异的问题、需要综合考虑多种观点的问题。
3. **所有的推理都基于假设。**
   - 明确你作出的假设，检验它们是否合理。
   - 思考你作出的假设如何影响你的观点。
4. **所有的推理都基于某个视角。**
   - 明确你的视角。
   - 找出其他视角，以及它们各自的优势和劣势。
   - 在评估所有视角时都要努力做到不偏不倚。
5. **所有的推理都基于数据、信息和证据。**
   - 只提出已有数据支持的观点。
   - 广泛收集信息，无论信息与你的立场是相符还是相悖。
   - 确保你使用的所有信息都是清晰、准确的，并且与当前问题相关。
   - 确保你已经搜集了充足的信息。
6. **所有的推理都是通过概念和观点来展现，并由概念和观点塑造。**
   - 找出关键的概念，并清晰地解释它们。
   - 思考有没有替代性概念，或者已使用的概念有没有其他的定义。
   - 确保你对概念的使用是精确的。
7. **所有的推理都包含推论或阐释，并以此得出结论，赋予数据意义。**
   - 确保推论有证据支撑。

（待续）

（续表）

- 检查推论之间是否一致，有没有矛盾。
- 找出推论背后的假设。

8. **所有的推理都将导致某些后果，或者产生一定的影响和结果。**
   - 找出推理产生的影响和结果。
   - 寻找正面和负面的影响。
   - 思考所有可能的结果。

总而言之，尽管思辨分析过程涉及一系列重要的认知过程，如果不借助思维标准，我们无法有效地对其进行评判或评估。[13]

优质的思维整合过程需要遵循思维标准

整合，即把不同的概念放在一起，使它们彼此之间相互关联。在这个过程中，我们对这些概念的整体有了更深的理解。我们用自己认为符合逻辑的方式将概念、信息、经验、视角等等整合起来，但这一过程完成的质量也可高可低。例如，在思考育儿问题时，我们可能会阅读关于这一话题的不同概念，将它们系统地组成一个整体。但这不代表我们得出的育儿观点是所有可能得出的结论中最好的一个。经整合后的观点质量如何，取决于形成这个观点所使用的概念是否清晰、是否重要，取决于这些概念是否可靠、合理，取决于在我们要研究的具体情境下这些概念与育儿问题是否相关等等。简而言之，所得观点的质量取决于我们收集、整合这些概念时在多大程度上参照和达到了思维标准。

如果我们从片面的视角出发并且基于错误的假设，那么我们整合信息和概念时便会和这个片面的视角保持一致。无论我们的看法多么扭曲，我们都会按自己希望的方式来理解事物，并且认为自己的看法非常合理。

举个例子，就育儿观点而言，如果我们一开始便作了这样的假设：

---

[13] 对推理进行分析对于理解批判性思维来说是很重要的。想了解更多相关内容，请参看本套丛书之《什么是分析性思维》。也可以阅读理查德·保罗和琳达·埃尔德的作品《批判性思维工具》(第2版)（新泽西州上鞍河：皮尔森/普伦蒂斯·霍尔出版社，2006）。

对孩子最好的惩罚方式是打屁股，我们就会寻找并整合那些与这一假设相符的信息。我们会搜集例子来说明，在某时某地打屁股如何帮助教育了孩子。与此同时，如果有人对打孩子屁股这一做法提出反对意见，我们会将这样的观点拒之门外。换句话说，在整合新信息的最初阶段，我们会理所当然地持有一些观念，而这些观念会成为我们最终形成的育儿观点的基石。

简而言之，整合信息时如果使用片面的信息、被曲解的概念、不正当的假设以及狭隘的视角，那么形成的可能就是一个有偏见的观点。只有所持观点不带偏见，并恰当地运用思维标准，我们才能理性、合理、全面地将与问题相关且重要的信息加以整合。

优质的思维比较过程需要遵循思维标准

同样，在比较（和对比）不同的概念和观点时，我们也需要运用恰当的思维标准。我们要检验这些概念和观点是否相关、是否符合逻辑、是否合理、是否重要和是否可靠等。否则，我们在作比较时可能会无意间使用不恰当的标准。

例如，在评判概念或行为时，我们可能会（将这些想法和让我们感觉良好的想法作比较后）依照自己主观上是否喜欢它们来作判断，也可能会（将它们和我们已经相信的想法作比较后）依照它们是否符合我们预先形成的观念来作判断，或是（将它们和那些能让我们更有面子的想法作比较后）依照它们是否让我们面子上好看作判断，凡此种种。实际上，人们比较不同想法时普遍会使用以自我为中心或以群体为中心的标准[14]，而这种做法是很有问题的。

简而言之，人类大脑会自然地进行认知，但不一定符合思维标准。人们并非生来就具备严谨的思维，因此思维质量可高可低。当我们深入理解思维标准，并能在认知过程中使用恰当的标准时，我们的思维质量就会达到更高水平。

---

14 参看本书第 47—49 页"生活中以自我为中心的标准和以群体为中心的标准比比皆是"部分。

当前的语境和问题决定哪些思维标准是相关的

正如我们之前介绍的，任何形式的推理都是要解决当前的问题，这个问题源于我们想要弄懂的某件事情、回答的某个问题或解决的某个议题。因此，与推理相关的思维标准最终应该与当前需要解决的问题以及合理解决该问题的方法密切相关。换句话说，我们所处的情境、语境以及（更明确地说）我们当前讨论的问题，决定了哪些思维标准对于确保推理不偏离轨道是必不可少的。当然，高水平的推理往往需要符合一些通用的思维标准（除非我们讨论的问题过于简单）。例如：

- 清晰地了解当前的问题以及推理的目的。
- 收集和使用的信息都是准确的并且与问题相关。
- 清晰地了解在推理过程中所有默认为正确的事情和所有作出的假设。
- 清晰地了解指导推理的关键概念，并对这些概念作出分析。
- 充分考虑推理的逻辑内涵。
- 清晰地了解自己作了哪些推论，并且评估这些推论是否符合逻辑，是否准确、正当。

不仅如此，该语境和问题可能需要推理者用许多其他的方式来运用思维标准，以保证所作推理对于要解决的任务来说是充分的。

例如，下面这几个问题只要求推理者找出准确的数据或信息：

- 根据现有数据，每年有多少人死于艾滋病并发症？
- 根据现有数据，每年有多少儿童被贩卖为奴隶？
- 世界上有没有针对小儿麻痹症的有效疫苗？
- 发电的主要方式有哪些？

相反，接下来几个复杂的问题要求推理者思考其中的难点，考虑与问题相关的重要观点，思考这些问题的关键概念是什么，并确立合理的概念，等等：

- 我们如何才能最好地解决当今我国最基本、最重要的经济问题？
- 我们如何才能在商业利益和环境保护之间找到平衡点？

- 什么经济制度对于绝大多数的人来说是最公平的?
- 根据我们对于健康问题以及现有解决方案的了解,什么医学理念最为合理?
- 在实验中让动物遭受痛苦和折磨,这从伦理的角度来说在多大程度上是正当的?
- 在一个富足的世界里,我们可以为解决饥饿问题做些什么?
- 针对商业巨头干预政治的问题,我们可以做些什么?
- 我们该如何构建出一个视批判性思维为基本价值观的社会?
- 我们该如何构建出一个高度重视合理运用思维标准的社会?

简而言之,在某些情况下人们一定会运用思维标准,而运用什么思维标准最终应取决于该问题具体需要什么标准。

思维标准是各个学科和领域的前提

运用思维标准并且达到思维标准，是所有学科和领域发展的前提条件。这是因为推理是所有学科和领域的核心，我们需要分析推理的组成结构，并最终运用思维标准来对这些结构加以评价。只要有推理，就有这样的需要。下文将进一步阐释这一点。

既然我们认识到每个学科领域都代表一种思维模式，我们也就会认识到某一领域内的全部思维都可以根据其核心逻辑来分析。

> 换句话说，我们认识到某个领域内的全部思维都：
> - 确立目的
> - 提出问题
> - 使用信息
> - 运用概念
> - 作出推论
> - 作出假设
> - 产生影响
> - 体现视角

那么学习任何学科就是学习在该学科中如何进行推理，并分析推理的内在结构，学习在特定的学科逻辑下如何进行高质量的思考，以达到以下目标：

- 提出关键问题，并进行清晰准确的表述；
- 收集、评估信息，并运用概念深刻地阐释信息；
- 得出合理结论和解决措施，并用相关标准检验它们；
- 采用该学科的观点，必要时能认识并评估假设、可能的影响以及实际结果；
- 运用学科语言和规范的公共用语和其他人有效交流；
- 将在特定学科中学到的知识与其他学科和生活中重要的事物建立联系。

因此，所有学科和思维模式都应运用基本思维标准。换句话说，那些善于思考的人会意识到做到以下几点的重要性：清晰地阐释关键概念、对问题和议题进行推理时辨别相关信息并核实其准确性、推理过程中克服议题的复杂性、推理时引入其他相关并重要的观点,等等。

反过来说,没有基本思维标准,任何学科和领域将不复存在。比如,没有哪位科学家敢声称,不论他的思维是清晰还是模糊、准确还是不准确、切题还是离题万里,他的思考结果都相差无几。因此,基本思维标准被视为各个学科和领域的内在逻辑。简言之,当我们对各学科内的议题进行推理时,思维标准是必不可少的。

思考时所犯的错误和对既得利益的考量常常使我们违背思维标准

人们在各领域思考和工作时常常违背思维标准。我们认为一个原因是对思维标准以及在各领域中有效思考的重要性缺乏清晰认识,另一个原因则是对既得利益的考量(这种情况下"专家"会违背一种或更多思维标准以获得个人利益)。

比如在医学领域,尽管收集相关信息和准确诊断病人的重要性不言而喻,但某位医生可能还会因没考虑到某些重要的相关信息或犯了其他思维错误而误诊病人。杰尔姆·格罗普曼在他的《医生如何想》一书中将医疗误诊的问题归结为"认知错误":

> 误诊……为我们开了一扇窗,让我们看到医师为何没能质疑自己的假设,为何思维有时会封闭或偏误,以及为何忽略了自己的知识盲点。研究医护失误的专家最近发表了一个结论:大多数的错误源于医师的思维方式,而非医疗技术方面。研究人员发现,因为误诊给病人造成重大伤害的事件中,八成左右是因为医师认知错误造成的……把一个狭窄的框架套在病人身上,却忽视了与传统观念矛盾的信息。另一项研究分析了 100 例错误诊断,发现因医学知识不足导致的只占其中的 4 例。医师在诊断时出现失误不是因为忽略了临床事实,而往往是因为落入认知的陷阱。这类错误造成非常多的误诊。在所有诊断中,高达 15% 的诊断是不准确的……(摘自第 24 页)

让我们来思考一下因推理失误而导致的另一重要议题——每年因服药剂量不当或服错药而受到伤害的病人数量:

> 美国国家科学院医学研究所称,每年至少150万美国人因服错药或服药剂量不当而受到伤害。过去十年里发生这种情况的次数成倍地增长。药剂师存储药物的方式不当、护士没有再次确认所配药物是否恰当以及医生字迹难以辨认都有可能导致配药错误。(摘自《民主报》,2007年11月23日)

这种问题可能出现在任何职业中,既可能来源于思考时所犯的小错误,也可能是由一个更复杂、更根本的问题造成的。

比如,一位医生可能不自觉地倾向于诊断病人患有某种特定的疾病,只因为那是他擅长的领域。因此,他寻找的信息往往恰好指向他擅长治疗的疾病。他这么做可能是出于对利益的考量(诊断出更多病人从而赚更多钱),或者,更可能的情况是,他擅长的领域影响了他处理信息的视角。如果医生出于对既得利益的追求而出现错误,那么这往往是由于自我欺骗造成的。这个医生对自己的诊断深信不疑,并自然而然地不去认识自身视角是否存在着狭隘之处。比如,他会自欺欺人地相信他已经收集了所有相关的重要信息(事实上他没有),或相信只有一种合理的诊断(事实上可能性不止一种),或相信自己对问题的态度是无偏见的(事实上他带有偏见)。

的确,只要涉及了对既得利益的追求,我们的推理就很可能违背思维标准。让我们来思考下面这则例子中潜在的利益冲突。这则例子描述了在儿童精神病治疗领域,越来越多儿童被诊断为"躁郁症"。研究人员收了医药公司的钱去"发现"问题,而那些医药公司研发的产品恰好可以"解决"这些问题。然而不幸的是,这个例子只是既得利益影响医学决策(从而使人们作出错误判断)这一问题的冰山一角:

> 根据提供给国会调查员的信息,一位世界著名的哈佛儿童心理

学家的研究导致使用强效精神抑制药儿童的数量呈爆发式增长。从2000年到2007年,这位心理学家从药物制造商那里收到至少160万美元的咨询费用,但多年来未向学校官方报告这笔收入……比德曼博士是儿童精神病治疗领域最具影响力的研究者之一……尽管他的许多研究项目规模都较小,而且通常由药物制造商提供资金,他的研究却使得被诊断为小儿躁郁症的儿童从1994年到2003年间剧增了40倍之多,导致使用精神抑制药儿童的数量迅速增加,这一现象备受争议……专家称很难说这些药物使得孩子们的生活状况变得更好了……在过去25年里,药物医疗器械制造商取代联邦政府成为研究资金的主要来源,行业支持对很多大学的研究项目来说非常重要。当企业研发主管招募最优秀的科学家时,他们营销部门的同事会发现这些科学家中有些人可以是极好的商品宣传者……许多研究者对于躁郁症在青少年时期的表征有很大分歧,他们中某些人已经开始担忧青少年躁郁症的定义被不必要地扩大了,其中一部分是由于哈佛团队的研究……史丹利医学研究中心一直为精神病研究提供资金,其执行董事富勒·托里博士称"我们对儿童精神病领域的了解还远远不够,并且我们迫切地需要不为市场资金所左右的研究"。(摘自《纽约时报》,2008年6月8日)

如果某一研究者发现某种行为问题可以通过特定药物加以治疗,而开发这种药物的公司恰好是这一研究的资助者,那么这一研究发现是符合研究者的经济利益的,因而我们不得不质疑这样的研究是否公正以及在多大程度上是公正的。

再来看农业领域的例子。几十年来,蔬菜种植的主要形式为大规模种植,并大量使用杀虫剂。与此同时,科学家们也逐渐意识到过度使用杀虫剂带来的许多问题。两个最主要的问题是生态环境破坏和(通过食物摄入和呼吸接触杀虫剂所致的)人类疾病增加。许多年来,世界著名的科学家们都发声反对这种破坏性行为,但状况基本没有得到改变。在持续过量地使用杀虫剂的过程中,农业界或明或暗地庇护了违背思维标准的推理判断。农学家们违背了自己的初心,他们忽略了相关或重要的信息,没有思考逻辑上的必然结果,掩盖或忽视了重要证据。显然,杀虫剂问题难以得到解决与既得利益有关系——很简单,使用杀虫剂种植作物比不使用便宜得多。

应明确说明各领域中与推理最相关的思维标准

正如前文所言,每个学科领域都以基本的思维标准为前提,并致力于达到这样的标准,比如准确性、相关性和逻辑性。但在特定领域中,某些思维标准对于进行有效推理比其他思维标准更重要。因此,那些在特定领域进行研究的人应该明确说明哪些思维标准对于推理该领域的问题最为重要,并详述应该如何理解这些标准。

通过详述如何理解特定领域的思维标准,我们能提高对它们的认识,更容易确保始终达到这些标准,更能准确辨别它们是否被忽略或违背。

正如前文提到的,对任何领域的深入分析都有助于阐明在该领域思考所需的最重要的思维标准。为了更好地展示这一逻辑,并且牢记各个领域内含的思维要素与结构,我们可以从以下问题着手:

- 学习这门学科的主要目的是什么?这个领域的人想要达到的目标是什么?
- 他们提出了什么问题?他们想要解决什么问题?
- 他们收集了什么信息或数据?
- 他们通常作出什么推论、进行什么判断?(关于……的判断)
- 这个领域特有的信息收集方式是怎样的?
- 这个领域最基本的思想、概念和理论是什么?
- 该领域的专业人士假定的前提是什么?
- 学习该领域知识会如何影响我的世界观?
- 该领域的观点是什么?
- 学习该领域的知识会产生怎样的影响?该领域的研究成果如何应用于日常生活?

一旦回答了这些问题，我们就能用思维标准来衡量该学科的逻辑，来看思维标准在该学科中如何得到最有效的应用。我们将以生态学和电气工程学为例，向大家展示思维标准对于在这两门学科中进行有效推理的重要性。我们会首先按其组成部分列出学科的基本逻辑[15]，然后简要解释在该学科内进行高质量推理所需的思维标准。

生态学的逻辑

生态学家的目的：生态学家致力于理解自然界中的动植物与其环境之间如何相互关联、相互依赖和相互作用，研究有哪些因素综合影响某种动物或植物的存在、生长以及在其栖息地内所具有的独特习性。

生态学家提出的问题：植物和动物如何相互影响？动物如何相互影响？植物和动物如何相互依赖？不同的生态系统都是怎样运转的，又是怎样相互影响的？植物和动物都如何受到环境影响？动植物如何生长、成熟、死去、更新换代？动物和植物如何创造彼此之间的平衡？当平衡被打破时又会发生什么？

生态学家使用的信息：生态学家使用的基本信息来自对动植物自身、对它们之间的相互作用以及它们如何在环境中生存的观察。生态学家记录动物和植物如何出生、繁殖、死亡、演化，如何为环境改变所影响。他们也会使用包括化学、气象学和地质学在内的其他学科的信息。

生态学家作出的判断：生态学家要判断生态系统如何自然运行，生态系统中的动植物如何运作，为什么它们会这么运作。他们也要判断为什么生态系统会失衡，怎样能使生态系统恢复平衡。他们还要对于怎样给自然群落进行分组和分类作出判断。同时，他们也必须判断出在可行的时候如何最好地给予政策制定者信息，并指导相关公共政策的制定。

指导生态学家思考的概念：生态学中最基础的概念之一就是生态系统，即在某个特定的栖息地上一群生物彼此依存。生态学家研究不同的生态系统如何运行。另一个关键的概念是生态演替，即在自然进化的过程被打断的时候出现在每个生态系统内部的自然改变模式。这个模式包

---

15 再次说明，读者若想深入理解如何分析观点，可以阅读本套丛书之《什么是分析性思维》。

括自然群落的出现、生长、死亡和替代。生态学家将这些自然群落组成更大的生态群落,将世界各地根据气温、降雨类型和植被类型等自然特征进行分类。另一个生态学的基本概念是自然平衡,即出生、繁衍、弱肉强食等让动植物群落保持平衡的自然过程。其他关键的概念包括失衡、能源、营养、种群增长、生物多样性、栖息、竞争、捕食、寄生、适应、共同进化、演替、顶级群落和生态保护等。

生态学家作出的主要假设: 动植物群落中存在特定模式;这些群落应该予以研究并分类;动物和植物一般都相互依存且相互改变;生态系统一定要保持平衡。

生态学的影响: 生态学研究给地球上的生命带来的影响不计其数。比如,研究自然平衡时,我们能看到自然界的失衡,就像现在的人口爆炸。我们能看到,本来被用作杀农作物害虫的农药,同样也能直接或间接地通过食物或者食物链对哺乳动物和鸟类造成伤害。我们还能了解到过度开垦会导致水土流失和土壤养分衰竭。

生态学家的视角: 生态学家观察动植物如何在栖息环境中相互作用,以及为了地球的健康和可持续发展它们需要如何保持平衡。

思维标准在生态学中的应用

为了更好地理解对生态学领域的问题和议题进行推理论证时思维标准起到的重要作用,请思考下列例子,注意被标注为蓝色的思维标准:

- 生态学逻辑内的推理论证取决于一个人清晰且精准地表达该领域核心问题的能力。因此生态学家需要能够辨别且精准表达这一领域内重要的问题。
- 生态学家一定要全面地思考该领域的核心问题。
- 生态学家一定要深入地思考生态学问题,不要过度简化他们的研究方法。
- 生态学家一定要通过他们的问题把生态学和其他思维模式联系起来,从其他学科和领域(比如植物学、动物学、伦理学)中寻找相关的理解。

- 生态学家一定要保证他们在论证生态学问题时使用的信息是准确的，并且与被研究的问题相关。具有内在联系的系统内所有相关的信息必须都被包含在内。
- 生态学家的研究基于大量事实，他们必须利用这些事实作出许多判断，而这些事实很多都是通过观察得来的，并且针对这些事实的合理解释也不止一个。因此在对动植物生活进行观察时，生态学家一定要谨慎地得出最符合逻辑的推论，这样才能理解生态系统的复杂性。
- 在作出关于生态系统的判断时，生态学家一定要全面地考虑问题。
- 关于如何指导公共政策的制定，生态学家一定要作出符合逻辑的判断。
- 对于那些生态学范畴之外但影响生态现实的概念（比如政治力量、经济力量、既得利益、政治、人口管控等），生态学家一定要有全面且深入的理解，从而对如何能够给生态系统最好的保护作出最合理的判断。
- 生态学家一定要能够预判自己的观察和阐释在未来数十年乃至数百年逻辑上会产生哪些必然的影响。地球生态系统之所以失衡，很大程度上是因为人类这一物种在这个星球上的重要性，以及人类与其他哺乳动物在数量上相比超乎寻常。同时，许多人类行为可能会给同样生活在这个星球上的其他动植物带来毁灭性影响。将这几点结合起来看，生态学思维的重要性不言而喻，它决定着人类这一物种能否存续。因此生态学家需要进行有效的推理论证，弄明白生态系统失衡带来的最重要影响是什么，也需要告诉人类存在哪些问题以及如何处理这些问题。

电气工程学的逻辑 [16]

现在让我们来想一想电气工程学的逻辑，接着评估在该逻辑下推理论证时，思维标准在具体情境中的一些重要应用形式。

---

16 要想了解更多思维标准在工程领域的应用，详见本套丛书之《什么是工科推理》。

电气工程师的目的： 电气工程师为公众、商业和消费者市场发展电力和电力系统。电气工程学的研究领域极其广泛，包含了娱乐电子产品、住宅照明、空间通信和电力公共设备。

电气工程师提出的问题： 什么样的细节设计能够最大程度地完成任务或满足市场需求？要如何构思、设计、实践、操作电气电子产品和系统？

电气工程师使用的信息： 电气工程师需要使用实验性和计算性数据，传承设计，了解法规要求，完成市场调查或任务需求报告。

电气工程师作出的判断： 电气工程师需要判断哪些系统最能实现他们的预期目的，最能解决这个领域出现的问题。大多数电气工程项目都以能交付给消费者产品为结果。

指导电气工程师思考的概念： 电气工程学中最基础的概念是电磁学（麦克斯韦方程组）、物体的电化学性能、离散和模拟数学、电阻、电流、电荷、电压、场和波等。电气工程师也需要给复杂的系统建立一整套概念，了解客户甚至是公众会如何理解这些复杂的体系。

电气工程师作出的主要假设： 电气工程师作出的假设中，有一部分和所有科学家和工程师作出的假设是一样的。其中一个假设是，宇宙可以由用数学术语和公式表达的众多定理所掌控，这些定理可以用来为电气系统设定模型。电气工程师认为电气设备和电子产品足以满足一些重要的市场需求。除此之外，电气工程师也常认为在设计和制造产品时，他们的工作必须结合其他工程学学科（比如机械学、化学等）。

电气工程学的影响： 电气工程产品和服务对于全球、国家和地区的经济、公共基础设施建设、医疗保障和通信都有很大的影响，同时可能对其所在区域或地区的生活质量产生积极或消极的影响。

电气工程师的视角： 电气工程师采取的主要是设计和生产团队的视角。其他相关的视角包括消费者、股东、营销人员、维修人员和运营商。

思维标准在电气工程学中的应用

为了更好地理解对电气工程学领域的问题和事件进行推理论证时思维标准起到的重要作用，请思考下面的例子，注意被标注为蓝色的思维标准：

- 电气工程师一定要明白自己的目的并且保证这些目的是正当的。
- 在进行一项复杂、有多重目的的工程时，电气工程师一定要确认这些目的之间是相容且一致的。
- 电气工程师一定要保证他们的目的是可行的。
- 当有客户参与到工程中时，电气工程师应该考虑客户的目的。
- 电气工程师对工作核心问题的认识一定要清晰。
- 电气工程师一定要考虑到事物的复杂性（深刻性）。
- 电气工程师一定要有能力辨别并收集与问题相关的信息，然后检查信息是否准确。他们一定要收集并利用充足的信息来作出符合逻辑的判断，这些信息必须是重要且相关的。电气工程师使用的信息很多都来自数学和物理学领域，并且需要十分具体、精确。
- 对于他们创造的系统和产品在现实生活中如何运行，电气工程师一定要能给出符合逻辑的结论。
- 在面对多个与问题相关的观点时，他们也一定要作出公正公平的判断。
- 多数电气工程学中的概念本质上都与数学或科学相关，或者说只有唯一确定的表达，没有讨论的空间。电气工程师一定要清晰地了解对该领域起指导性作用的概念，在运用这些概念时，要使其与在数学或科学领域的用法保持一致（或者说准确地运用它们）。
- 在最终敲定工程前，电气工程师需要推断他们所作的决策逻辑上必然会产生的影响，需要认真地（有逻辑地）思考他们的工程将怎样影响使用者。
- 电气工程师需要公正认真地思考各种观点。

正确运用思维标准术语的能力需要培养

尽管多数人时不时地使用思维标准,但很可惜,目前很少有人清楚地了解思维标准及其用法。大部分人似乎对于什么是思维标准,以及进行理性的交谈需要哪些特定的思维标准知之甚少,甚至一无所知。

在被问及会使用哪些思维标准来评估推理论证的质量时,大多数人想不出一个答案。换句话说,大多数人没有意识到高水平的推理论证离不开正确运用思维标准。就连高等院校的教师也不例外。保罗等人在1997年开展了一项覆盖38所公立学校(含专科学校及综合大学)、28所私立学校的大型研究,该项研究重点关注一个问题:高等院校的教师能在多大程度上培养学生的批判性思维能力?该项目从加利福尼亚州的专科院校和综合大学中随机抽取教师参与研究,斯坦福大学、加州理工学院、南加利福尼亚大学、加州大学洛杉矶分校、加州大学伯克利分校和加利福尼亚州立大学等有名望的学校也包含在内。

大部分参与研究的教师都直接表示或暗示自己在教学中重视批判性思维的培养,并表示学生因此得以吸收内化课程中的概念。然而只有少数几个受访者提到学生在思考时具备以下标准的重要性:清晰性、准确性、精确性、相关性、逻辑性。极少有人提及基本的思维技能,譬如清楚地阐释问题、搜集相关数据、推理论证得出符合逻辑或合理的结论、识别关键的假设、探究推理产生的重要影响、公正地看待其他观点等等。几乎没有受访者提到思维的认知特质,比如认知谦逊、认知毅力、认知责任等。以下是这项研究的一些关键结论:

1. 尽管绝大多数(89%)受访教师声称培养批判性思维是自己教学的一个主要目标,但只有一小部分(19%)受访者可以清晰地解释什么是批判性思维。从他们给出的答案可以进一步判断出,只有9%的调查对象能在日常教学中清晰地讲授批判性思维。
2. 尽管大多数(78%)受访教师声称自己的学生缺乏合适的思维标准(用以评估他们的思维),并且73%的受访者认为对于学生而言,学会评估自己的学业是极其重要的，但只有极小部分老师（8%）能够列举他们要求学生具备的思维规范或标准，或是能够对那些规范和标准给出易于理解的解释。
3. 令人惊讶的是，当被问及如何看待真理时，41%的受访者认为知识、真理和可靠的判断实质上是由个人偏好或主观嗜好决定的。
4. 无论是从直观的定量数据，还是从基于这些数据作出的合理推断，都可以清楚地看出，受访教师中的绝大多数（若样本具有代表性，可视作全体教师中的绝大多数）：

- 不理解批判性思维与思维标准之间的联系。
- 不能清晰地阐释主要的思维规范和标准。
- 不能具体列举自己认为有必要让学生学习的批判性思维方法。
- 不认为学科教学的重心是推理论证。
- 不能具体说明分析推理论证所需的基本框架。
- 不能对批判性思维或是推理论证所需的基本能力给出易于理解的解释。
- 不能区分思维的心理维度与思辨维度。

当被问及"你个人对于思维规范或标准的理解是什么?"这一问题时，许多受访者给出的答案是模糊或不充分的。以下是一些回答的样例（要注意我们在圆括号中给出的评价）[17]：

- "某些文化中认为诚实的行为在另一些文化中却被认为是不诚实的。"（这似乎是在暗示，对于何谓诚实任何一种理解都和其他理解没有什么两样。若真是这样，那么由此推断，所有术语可能都没有既定的意义。这样，人与人便无法交流。）
- "每当我听到'标准'这个词时都会害怕，因为标准产生于更大的社会/政治/文化环境，在那些环境中人们试图维系那些符合常态的事物。我们怎么能把所有事情都规范化呢?"（这似乎是在暗示，思维没有既定的通用标准。按这个逻辑来论证，一个人若想判断某一既定行为是否可以接受，只需要确定某一特定文化背景中的常态是什么。）

---
[17] 更多例子见附录。

- "那是一个很难回答的问题。我想我找不出一个答案。"
- "某种程度上,这取决于水平和环境……展现介于概括、抽象与细节之间的技能。"(不清晰)
- "我的观点取决于我是否考虑到了各方面……是否考虑到了文化差异。我通过观察其他人来建立自己的标准。"(这是否意味着,我们评判一个人的行为时要以其他人的做法为标准?若其他人这么做,这件事情是不是就可以接受?)
- "……我从来没有考虑过这个问题。"(如果教师都没有思考过思维标准,我们如何能指望学生这么做呢?那么学生怎么能知道他们该用哪些标准来决定什么可以接受、什么应该拒绝呢?)

简而言之,我们认为很少有人会思考他们接受或拒绝概念、信息、假设和观点时采用的标准。这导致大部分人在推理论证时对于他们试图达到的标准没有概念。

事实上,即便我们的推理论证很薄弱,我们仍会认为自己的思维无懈可击。人类大脑缺乏一种天生的、内在的能力去评估思维的质量。不清晰的思维往往看起来很清晰;不准确的思维也可能看起来很准确;偏颇的思维也会看起来公平客观。这体现了清晰认知思维标准的重要性。

生活中以自我为中心的标准和以群体为中心的标准比比皆是

人们在判断什么该接受、什么该拒绝时所使用的标准往往是以自我为中心或以群体为中心的标准,而非思维标准。

人们与生俱来不顾及他人的权利与需求,这一不幸的事实导致以自我为中心的思维方式产生。我们往往既不重视他人的观点,也容易忽视自我观点的局限性。只有接受了相关训练,我们才能清楚地意识到自己的思维模式是以自我为中心的。因天性使然,我们很难意识到自己在作出假设、运用信息、解读数据时是以自我为中心的;我们很难意识到自己所持有的以自我为中心的概念和想法来自何处,以及这些想法造成的影响;我们也很难意识到自己谋取私利的心态及其产生的许多影响。

类似地，人类与生俱来也不顾及其他群体的权利与需求，这一事实导致以群体为中心的思维方式产生：我们认为自己所属的群体更好，独一无二，与众不同；我们认为自己的群体比其他群体应得到更多东西。对于与我们持有不同观念的群体，我们往往不容易产生共鸣。只有接受了相关的训练，我们才能清楚地意识到自己的思维模式是以群体为中心的。因天性使然，我们很难意识到自己作出假设、运用信息、解读数据时是以群体为中心的；我们很难意识到自己所持有的以群体为中心的概念和想法来自何处，以及这些想法造成的影响；我们也很难意识到自己谋取群体利益的心态及其产生的许多影响。[18]

当我们观察世界时，即使我们的视角是以自我为中心和以群体为中心的，我们仍认为自己的思维不偏不倚、不带私利。我们自信地认为自己已经从根本上认识了事物的本质，而且认识的过程也是客观的。我们往往相信自己的直觉，无论它们有多不准确。因此，我们经常使用以自身为中心的心理标准，而非思维标准来决定相信什么、拒绝什么。

> 这里列出了人类思考时最常用的心理标准。
>
> **"我相信这一说法，所以它是正确的。"** 与生俱来的以自我为中心：我认为我相信的事情是正确的，尽管我从来没有质疑过那些观念是否有依据。
>
> **"我所属的群体相信这一说法，所以它是正确的。"** 与生俱来的以群体为中心：我认为我所属群体的主流观念是正确的，尽管我从来没有质疑过那些观念是否有依据。
>
> **"我愿意相信这一说法，所以它是正确的。"** 与生俱来的实现愿望的期望：对于所有使我（或我所属的群体）感到快乐的、自我感觉良好的、不需要我大幅度地改变思考方式的、不需要让我承认错误的，我都深信不疑。

（待续）

---

[18] 要想更深入地理解以自我为中心和以群体为中心的思维方式对批判性思维造成的障碍，请阅读理查德·保罗和琳达·埃尔德的作品《批判性思维工具》（第二版）（新泽西州上鞍河：皮尔森/普伦蒂斯·霍尔出版社，2006）。

（续表）

> **"我一直是这么认为的，所以这一说法是正确的。" 与生俱来的对自我的认可**：我强烈期望维系我一直抱有的观念，尽管我从没有认真地思考过这些观念的合理性。
>
> **"我相信这一说法对我自身有利，所以它是正确的。" 与生俱来的利己主义**：如果有观点能将我追求权力、金钱或个人利益的行为合理化，我会对其深信不疑，即使没有可靠的推理论证或证据来支撑这些观点。
>
> **"我相信这一说法对我所属的群体有利，所以它是正确的。" 与生俱来的为群体谋利益的倾向**：如果有观点能将我所属的群体追求权力、金钱、群体利益的行为合理化，我会对其深信不疑，即使没有可靠的推理论证或证据来支撑这些观点。

人们为何不能运用和重视思维标准

犯错是人之常情。任何一个人的思维都可能出现不清晰、不准确、不相关等情况，只因他们没有受过专门的思维训练，因此没有意识到思维标准之于人类思维的重要性。当人们了解了思维标准，并且开始刻意尝试去达到这些标准时，他们便不那么容易犯错误了。即便如此，任何人，哪怕是最为专业的思考者，有时候也不能恰当地、很好地运用思维标准。

然而，还有另外一个造成人们不能使用思维标准的原因，而且这个原因可能更为重要，即人们行事的出发点往往是谋取一己私利或群体利益。如要遵循思维标准，人们需要具有更开阔的视野，需要认真思考那些原本他们视而不见的观点。视而不见的原因或是由于人他们能从维系既有观点中获利，或是由于不愿意质疑自己现有的意识形态。例如，当曲解真相有利可图时，人们往往不会准确地思考。当排除某些相关的信息有利可图时，人们思维的相关性往往会降低。当用狭隘的视角看问题有利可图时，人们往往不会以宽阔的视角来思考。当过度简化一个问题有利可图时，人们往往不会深入思考。当优先考虑自己的欲望而非其他相关人士的权利与需求有利可图时，人们往往不会公正地思考。

当人们以不合逻辑的、服务于私利的方式思考时，他们并不知道自己没有遵循思维标准。相反，他们视自己为客观公正地追求真相的人，并会下意识地认为自己的思维很可靠。

有效运用思维标准、提升思维能力需要练习和有技巧的推理论证[19]

想拥有高超的小提琴演奏技术的人知道要实现目标必须付出努力，他们不会天真地期望自己一拿起小提琴就能流畅地演奏。他们会认真地学习，不断地练习。想要拥有高超的篮球技术的人一般不会认为球技的进步是理所当然的，他们知道能力不会自然而然地提升。他们会认真地学习，不断地练习。

建筑设计师通过学习建筑学来提高技艺，兽医通过接受兽医工作的训练来提高水平，海洋学家则会学习海洋学。人类职业的每一个领域几乎都是如此，都需要获取一系列技能，都需要通过认真学习和不断练习来培养能力、提高水平。

但是，日常的推理能力——一个比任何其他能力都更为重要的能力——却被包括院士、学者、专业人士和积极分子在内的几乎所有人认为是人们天生就具有的能力。没有多少人会学习如何思考，或努力践行高水平的思考；没有多少人阅读关于思考的书籍；也没有多少人会研究思考容易在哪些环节出错，以及如何出错。

我们的思维存在各种各样的问题。思考时常常犯下一页所列的错误会给我们带来麻烦：

---

19 在这本指南中，我们专门介绍思维的标准，这是批判性思维非常重要的一个维度。其他四个重要的维度包括推理的要素、思维的认知特质、思维能力和提升推理的障碍。五个维度相互作用，形成一个系统、强大的培养思维能力的方法。要想全面地了解批判性思维，请阅读本系列的其他书籍。

思考时常常犯如下错误会给我们带来麻烦:

- 思路不清晰、模糊、混乱
- 不经思考直接下结论
- 不思考可能的影响
- 迷失目标
- 不切实际
- 关注细枝末节
- 不能发现矛盾之处
- 接受不准确的信息
- 提出模糊的问题
- 给出模糊的答案
- 提出有诱导性的问题
- 提出与话题无关的问题
- 混淆不同类型的问题
- 回答我们没有能力回答的问题
- 根据不准确或不相关的信息得出结论
- 无视与自身观点冲突的信息
- 作出有悖自身经历的推论
- 篡改数据,以错误方式呈现
- 没有关注自己所作的推论
- 得出不合理的结论
- 没关注自己的假设
- 作出不合理的假设
- 忽视关键概念
- 使用无关的概念
- 形成混乱的概念
- 形成肤浅的概念
- 用词不当
- 忽视相关的观点
- 不能从他人的视角看问题
- 混淆不同类型的议题
- 缺少对自身偏见的洞察
- 思维狭隘
- 思维不严密
- 思维不合逻辑
- 思维片面
- 思维过于简单
- 思维虚伪
- 思维肤浅
- 思维有民族中心化倾向
- 思维有自我中心化倾向
- 思维不理性
- 不能妥善地对问题进行推理论证
- 决策不良
- 糟糕的沟通交流
- 不能认识到自己的无知

总而言之,很少有人能清楚地表达自己思维的优点与缺点。人们普遍对思维理所当然,认为思维是一种天然的能力。但是,我们若仔细观察人们的生活质量,便会发现许多人并不具备掌控他们生活的思维能力。因此许多人的婚姻生活并不美满,职业生涯壮志难酬,当父母也不称职。

我们需要将思维能力的提升视作一个过程,这一过程中要求遵循认知规范并且要悉心培养,同时这也是一系列复杂、具有内在联系的技能得到提升的过程(若想要提升那些技能,必须刻意为之、有条不紊、持之以恒)。

当我们持续不断地努力提升思维能力,我们能够:

- 更清晰、精确、无歧义地运用术语
- 不草率下结论
- 认真思考可能的影响
- 时刻牢记目标
- 实事求是
- 专注重点
- 发现矛盾之处
- 拒绝接受不准确的信息
- 提出清晰的问题
- 给出清晰的回答
- 避免提有诱导性的问题
- 提出相关的问题
- 不混淆不同类型的问题
- 不回答自己没有能力回答的问题
- 只基于准确或相关的信息作出推论
- 可以分清不同类型的问题
- 洞察自身偏见
- 综合考虑所有相关信息,无论它们是否支持自身观点
- 只基于语境作出合理的推论
- 不篡改数据或错误地呈现数据
- 关注我们作出的推论
- 得出合理的结论
- 关注我们作出的假设
- 只作出合理的假设
- 关注关键的概念
- 只使用相关的概念
- 形成清晰的概念
- 形成深刻的概念
- 措辞谨慎
- 全面考虑相关观点
- 从他人的视角看问题
- 思维开阔、多维,而不狭隘、偏狭

(待续)

（续表）

- 思维开明
- 思维精确
- 思维合乎逻辑
- 思维全面
- 思维深刻
- 思维正直
- 思维宽广

- 思维公平公正
- 思维理性
- 通过推理妥善解决问题难点
- 决策优良
- 有效地沟通交流
- 清楚地了解自己的无知

其他重要的区分与理解

在学习自然语言的过程中，为了理解词汇的意思及其正确的使用方法，我们会进入一个微妙而复杂的世界，需要我们运用技巧并仔细分析。例如，为理解某个特定术语的正确用法，我们通常需要正确理解和使用其他术语。就像如果要明白"民主"的深刻含义，就要先理解什么是"平等""政治""政府"等。在这个过程中还需要理解和"政府"相反的政权形式，比如"财阀""寡头政治"和"暴政"。

因此，为了能深入理解思维标准在自然语言中起到的重要作用，不能光去理解思维标准术语本身，还要去领会以这些术语为前提的词汇，更要揣摩自然语言中的许多词汇与思维标准术语之间暗含的关系。在这个部分，我们将对此类重要的关系进行介绍，但这仅仅是皮毛而已。

以思维标准为前提的众多词汇

我们现在应该很清楚，有明确用法的思维标准术语有几百个之多，但除此之外自然语言中还有很多词汇是以思维标准为前提的。思考这些词汇时我们需要考虑或遵循一个或多个思维标准。

例如，我们来讨论一下很常见的伦理道德术语"同理心"和"人道主义"。"同理心"可以被定义为"为了充分理解他人，主动站在他人的角度思考问题；公平无私：不偏不倚、公正、合理的。"[20] 要想对他人产生同理心，必须内心准确认识对方的想法或感受，必须公正无私地思考对方的观点。因此，至少准确性、公正性和不偏不倚这几个思维标准就是以正确使用"同理心"这个词为前提的。

或者用"人道主义"举例子。"人道主义"指的是对于提升人类福祉的直接关切，特别体现在减少痛苦和苦难方面。正确使用"人道主义"

---

20 本节和下一节中采用的定义主要摘自《韦氏新世界大学词典》中的词条，或是摘自本系列丛书之《批判性思维术语手册》中的批判性思维术语表。

一词需要使用者站在那些遭受苦难的人的角度去思考（这样才能考虑到具体语境下的相关观点），需要对那些亟需被介入处理的问题有准确的理解，也需要站在公正的、没有偏见的立场上进行推理论证。

下面我们将举出更多的例子，旨在讨论那些以恰当使用思维标准为前提的英语词汇。我们选择的例子碰巧都是道德伦理方面的词汇。深入的语言分析能揭示更多人类其他思想领域的例子。

下面的每个例子至少都是以相关性和公正性这两个思维标准为前提的（即需要人们公正地思考与具体语境相关的所有观点）。当然其他思维标准也可能以恰当使用下面任何一个术语为前提。

利他（altruistic）：认为他人的福祉重于自身利益，崇尚自由，反对自私。

关怀（attentive）：始终关心他人，表现出对他人持续的体贴。

助人为乐（benevolent）：乐于行善或做出利他的行为。

慈祥（benign）：具有随和慈爱的本性，特别适用于和善的长辈。

慈善（charitable）：对需要的人提供帮助或金钱。

文明（civil）：有礼貌、懂礼节的正式说法；不粗鲁。

怜悯（commiseration）：公开展现出深切的怜悯心。

同情（compassion）：对他人表示深切的同情，并希望帮助他人减轻痛苦。

懊悔（compunction）：因自身的错误行为而受到良心的谴责。

哀悼（condolence）：悲痛地同情或悼念他人（正式用法）。

体谅（considerateness）：考虑他人的情感，设身处地为他人着想，帮助他人摆脱压力、痛苦与折磨。

彬彬有礼（courteous）：超越了文明与礼仪，发自内心地为他人考虑。

冷静（dispassionate）：不带入自身强烈的情感与情绪，从而作出公正无私的判断。

免除责难（exonerate）：免除他人所有的罪责；宣布或证明某人无罪；宽免他人犯下的罪过。

公平公正（fairmindedness）：一种后天培养出的思想品质。这种品质能帮助思考者客观地从多角度审视一个事件。它意味着有意识地对所有观点一视同仁，不夹杂自身情感或私欲，以及好友、社区或国家的情感与私利。它意味着坚持认知标准，不夹杂自身或自身群体的利益。

原谅（forgiveness）：不再怨恨他人，不再期望惩罚他人，不再生他人的气。

慷慨（generous）：乐于施舍，乐于分享；慷慨大方地给予他人。

温和（gentle）：仁慈，安详，有耐心；不暴力，不无情，不粗鲁。

和善（gracious）：待人有礼大方；有慈悲心和同情心。

诚实（honesty）：待人公平公正，正直坦率，不欺骗他人。

高尚（honorable）：对正确的伦理观高度敏感，严格遵守正确的伦理原则。

中立（impartial）：面对相互对立的各方，不偏向任何一方。

正直（integrity）：一种坚定不移、不受侵蚀的道德品质，特别表现在信守承诺方面。

正义（justice）：坚守公正的标准，不受自身意愿的影响。

仁爱（kind）：对他人表现出同情心，对人友好、友善、温和、慷慨。

仁慈（kindly）：以一贯友好的态度对待他人。

宽容（mercy）：不去伤害或惩罚罪人、敌人或臣民；拥有超乎寻常的仁慈心；自制且富有同情心；惩罚罪人时也体现出超乎寻常的仁慈与同情心；对处于极度痛苦的人展示出仁慈与同情。

顾虑（misgiving）：因对自身行为的正确性缺乏自信而陷入的一种不安的精神状态。

道义/道德的（moral）：能够辨别是非对错的。

崇高（noble）：拥有或展示出极高的道德素养或道德境界。

客观（objective）：审视他人或状况时不夹杂个人私利。

乐于助人（obliging）：十分渴望帮助他人，随时准备帮助他人，帮助他人能为自身带来快乐。

开明（open-minded）： 不带偏见或成见，思想开放，乐于接纳新观点。

宽恕（pardon）： 原谅他人的小错；免除对罪行的过重处罚。

博爱（philanthropic）： 关心全体人类的福祉，例如捐赠大量的物资用于慈善事业。

有礼貌（polite）： 积极遵守社会行为中的礼节。

刚正（probity）： 久经考验而表现出的诚实或正直。

不安（qualm）： 因意识到自身行为可能存在错误而感到焦虑。

互惠（reciprocity）： 对别人的观点和推理过程产生共情；站在他人立场思考问题，怀有同情心，并用上述标准评估自身的想法。（要达到互惠需要个人拥有创造性的想象力、认知技能以及保持公平公正。）

悔恨（remorse）： 为自己犯下的过错感到不安，有深深的负罪感。

尊重（respect）： 展示出对他人的关心；避免打搅他人或干涉他人。

顾忌（scruple）： 因很难确定什么是道德的而产生了犹豫、怀疑或不安的情绪。

审慎正直（scrupulous）： 极为关注自身行为和目标的道德性，体现出极强的尽责性。

自我谴责（self-reproach）： 因认识到自身的错误而责备自己。与负罪感（guilt）相似，自我谴责不一定源于个人做出了不道德的行为。

无私（selfless）： 不为自身，而为他人福祉或利益奉献自己；不自私；利他的。

自我牺牲（self-sacrificing）： 为他人的利益而牺牲自我或自身利益。

同情（sympathy）： 与他人建立起一种情感纽带，可以真正理解他人感受，或感受到他人的悲伤；与他人在精神上和情感上产生共鸣。

圆通（tactful）： 对待他人或应对困难局面时，能敏锐地发现最适合的方法，从而避免冒犯他人。

亲切（tender）： 以柔和的态度与他人相处，表达出对他人的疼爱与关心。

体贴（thoughtful）：能预见到他人的需求与愿望，从而使他人感到舒适。

容忍（tolerance）：即使与他人立场不同，也倾向于认可与尊重他人的信念、习惯等。不偏执，不怀偏见。

可靠（trustworthy）：因诚实可信、公平正直而赢得他人的信赖。

不带偏见（unbiased）：不偏向任何一方。

无私（unselfish）：将他人的福祉置于自身利益之上，利他的，慷慨的。

理解（understanding）：有同情心或与他人情感相通。

正直（upright）：刚直不阿，在道德问题上绝不妥协。

真诚（veracity）：特指个人品行诚实，并始终坚持这种品行。

品行端正（virtuous）：拥有高尚的道德品质，公正，正直。

澄清（vindicate）：通过证据洗刷不公平的责难。

热心（warm-hearted）：同情他人或关爱他人，对他人热诚、慷慨。

再次强调，这些只是用以体现思维标准或是以使用思维标准为前提的众多词汇的一部分。如果做一个细致的调查，我们可能会找到几百个甚至更多此类术语。

未能符合思维标准的词汇

同样，英语语言中也有很多术语说明缺乏恰当的思维标准。下面所有术语都是未能考虑相关的观点，以及未能公正、合理、理智地思考。[21]

贪得无厌（avaricious）：贪图金钱或财富，吝啬的。不考虑自己对钱财的贪欲是否会影响到他人的权利和需求。

卑鄙（base）：（尤指因自身的贪婪与懦弱）首先考虑满足自身利益，而非履行自身职责。

欺骗（beguile）：用欺骗手段怂恿他人接受自身提出的条件；用骗术或诡计达到自私自利的目的。

---

21 本系列丛书之《什么是伦理推理》中列举出了更多以恰当使用思维标准为前提的伦理学术语和形容违背思维标准的伦理学术语。

好战（bellicose）： 好争斗的或本性怀有敌意的，表现为不论合理与否，随时准备与他人开战。

寻衅（belligerent）： 随时准备与他人争斗或争论；行为举止包含敌意且极具攻击性。

成见（bias）： 一种偏见。通常指个人毫无道理地喜欢或讨厌某人或某物。

偏执者（bigot）： 不容他人意见，盲目坚持某一信条、观点或信念的人。

欺凌（者）（bully）： 伤害、恐吓、欺压弱小的行为或人。

沙文主义（chauvinistic）： 思想激进，盲目冲动地忠于国家、民族或性别群体，蔑视他国的民族或性别群体等；激进爱国主义或极端爱国主义。

欺诈（chicanery）： 运用"高超"、狡猾的骗术哄骗他人，常用于法律诉讼中。

蒙骗（deceive）： 为进一步实现自身目的，通过言行故意歪曲事实。

不坦诚（disingenuous）： 不直接，不坦率，不真诚。人通常在涉及自身利益与既得利益时会变得不坦诚，从而隐瞒真相。

诱骗（deceitful）： 通过提供虚假表象哄骗、误导他人，运用欺诈手段试图使他人相信虚假之物。这是一种手法巧妙、暗中操控他人为自身私利服务的手段。

专横跋扈（domineering）： 以专横自大的方式支配他人。

两面派（duplicitous）： 特点为虚伪狡猾，欺骗他人，两面三刀。

自我中心（egocentricity）： 倾向于以自身的立场为标准来审视衡量事物；将事物的表面（看上去的模样）与真实混为一谈；倾向于以自我为中心或只考虑自己和自身利益；自私自利。不加批判地将个人欲望、价值观、（自认为绝对正确或高于他人的）信仰当作评判事物的准则。自我中心是批判性思维与合理的伦理思考的根本障碍。当个人通过学习批判性思维变得更加开明时，就会变得不那么以自我为中心，变得更加公正。

民族优越感（ethnocentricity）： 倾向于认为自己的民族或文化应受特别优待，坚信自身群体优于其他所有群体。民族优越感是将自我中心感从自身延伸到群体的表现。多数不加以批判或自私的批判性思考本质上要么是自我中心主义思想，要么是民族中心主义思想。"民族中心主义（ethnocentrism）"与"社会中心主义（sociocentrism）"大体上是同义的，但后者含义更广，关系到每个社会群体，比如相同职业的群体也能被归为一个社会群体。大部分人都认为自身文化中的信仰、教义与行为应受特别优待。

狂热（fanatic）： 用不合理且过分积极的行为维护或贯彻本身不合理的信念。

诈骗（fraud）： 用不诚实的手段有意欺骗他人，剥夺他人权利、财产等。

憎恨（hateful）： 感受或表现出憎恨、恶意、恶毒。"煽动仇恨者（hatemonger）"与这个词相关，指希望激起（特别是对少数群体的）仇恨和偏见的鼓吹者。

虚伪（hypocritical）： 假装自己是正人君子。假装自己有同情心、道德感，为人不真诚。虚伪的人往往用高标准要求他人，用低标准要求自己。

不人道（inhuman）： 强调个人缺乏有伦理道德的人所具备的基本素养，如同情心、怜悯心及仁慈心等。

恐吓（intimidate）： 用威胁或暴力手段强迫或威慑他人。

谋杀（murder）： 残忍杀害或预谋杀害他人；在战争中野蛮地或不人道地杀害他人。

思想狭隘（narrow-minded）： 以心胸狭窄、怀有成见、局限的眼光看待周围环境、人与群体，曲解事实；因自身眼界的局限性无法看到事物的全貌。

偏见（prejudice）： 心怀偏见的人在尚未获得相关事实之前，便形成赞同或不赞同的判断、信念、观念、观点；拒绝推理论证，拒绝接受证据，或无视与事实相矛盾的证据。个人很少会对外宣称自身怀有偏见。偏见总是以一种隐蔽的、文饰的、符合社会运作规范的、实用的方式出现。怀有偏见的人就算狠狠践踏了他人权利，也能在夜晚心安理得地入眠。偏见促使人们渴望获得更多，或帮助人们更容易获得渴望之物。太过虚荣与自以为是促成了偏见的存在。

合理化（rationalize）： 为掩饰个人真实动机，从社会层面为自身行为作出合理的解释，或为自身行为、欲望与信念寻求借口。合理化就是给出貌似合理但不真实、不准确的理由。常见的情况是个人既想追求自身既得利益，又想在表面上占据道德制高点，便会合理化自身行为。例如，政客会不停地合理化自身行为，暗示他们的行为是为了实现更高尚的目标，而实质上是因为他们从既得利益群体那儿获得了大笔赠款，这些群体会为此而受益。蓄奴者会将奴隶制合理化，宣称奴隶就如同小孩，需要被人照顾。合理化是一种防御机制，以自我为中心的人通过合理化自身行为，获得所需之物，逃避面对自身行为的本质动机。通过合理化，人们将自身的真实动机隐藏在潜意识中。

自我欺骗（self-deception）： 在自身真实动机、性格与身份问题上自欺欺人。人类可以被定义为"自我欺骗的动物"。自我欺骗是人类生活中的一个根本问题，它给人类造成了很多痛苦。我们要通过自我批判来克服自我欺骗行为，这也是成为公正的批判性思考者的根本目标。

社会中心主义（sociocentricity）： 认为自身所在的社会群体本质上明显优于其他群体。如果一个群体或一种社会形态认为自身最优越，该群体或社会形态便会将自身观点视为正确的或唯一公正合理的观点，所有与之相关的行动也都是合理的；倾向于认为自身所有的思想都优于他人的，从而造成了思维的狭隘。对现状持有异议与怀疑则会被视为负面思想，并常常被视为不忠与异端。很少有人能意识到自身思维模式中的社会中心性。

拷打（torture）： 通过给他人带来巨大痛苦迫使其认罪，榨取有用信息或报复他人。

既得利益（vested interest）： 与之相关的行为：（1）牺牲他人

利益，谋取自身利益；（2）人们因共同的私欲形成团体，牺牲他人利益并从中获利。不少群体说服政客制定有利于自身群体的法律法规，从而从中获得金钱、权力与地位优势。"既得利益"的反义词是"公共利益（public interest）"。从公众的利益出发游说国会的群体不是为小众谋利，而是为保护全体或大部分公众的利益。保护空气质量就是一种保护公共利益的行为；制造价格便宜、有安全隐患的汽车就是一种维护既得利益的行为（汽车制造商能获利更多）。

报复心切（vengeful/revengeful）："怀恨在心（vindictive）"的近义词，但更强调行动性。强调渴望付诸实际报复行为的强烈冲动。

用于表明符合思维标准的词语有时从语境来看并不合乎情理

要想恰当地使用自然语言中的每个词汇，必须能够在具体语境中清晰准确地使用该词。因此要恰当使用，每个词汇首先要至少符合两个思维标准，分别是（意思上的）清晰和（用法上的）准确。

有些词汇看似符合思维标准，但这些词汇本身的用法并不一定遵循这些标准。比如，"非法的"这个词，根据《韦氏新世界词典》里的解释，通常被定义为"被法律禁止的；未经授权或批准的"。"法律"指的是"官方和立法机构建立并且确保执行的一切行为准则，或者任一既定社会、国家或其他群体的风俗"。"非法的"这个词有时意味着某一行为是不合理的或不公正的，其原因仅仅因为某个行为或做法被认定是非法的，但"非法的"这个词本身并没有"不合理"或"不公正"这个含义。举个例子，在20世纪50年代的民权运动之前，美国有很多法律剥夺了有色人种的基本权利。比如，非裔美国人如果与白人出入于同样的餐馆、酒吧、宾馆等地就是违法的。因为这些行为是违法的，所以很多人就认为他们和非裔美国人有来往也是不合理的，这种交往本质上就是错误的。然而根据标准用法，"非法的"一词从道德角度来说是中性的。说某一种行为是非法的实际上并不一定能说明它是对的还是错的，是合理的或是不合理的。我们之所以希望那些不合法的行为本身也是不合理的，是因为这样就能合理地认定他们的行为是非法的。但是事情不会完全如我们的预想那样。否则，如果所有法律都被视作公正且合理的，不公平的法律就永远不会被推翻。如果任何非法的行为和做法都自动被认定是错的，那么就不再有探讨的必要性。

或者，想想"正常的"这个词。根据《韦氏新世界词典》，这个词通常指"遵守或者形成一种被广为接受的标准、模型或模式；尤指在类型、外表、成就、功能、发展等方面符合一个大群体的中间或平均水平；自然的；平常的；标准的；有规律的"。因此"正常的"这个词指与其同类有一致的、已被确立的规范或标准（比如正常的智商）。所以，一般而言，形容一个人的行为"不正常"意味着其行为与所在文化背景中通行的或广为接受的做法不同。有时候，当人们形容某人"不正常"，他们可能暗指因为不正常，其行为应当被谴责。但"不正常"这个词本身并没有"应当受谴责"的意思，除非我们认定主流的想法在伦理上就是正确的想法。再谈谈"裸露"这种行为。在某些社会中，这个行为被认为是不可接受的（或者"不正常的"）。因此在那些文化中，它同样也是不道德或不理智的。但是这种行为本身，尽管"不正常"，并非不理智的。

通过对语言进行透彻的分析我们可以发现，由于把社会惯例等同于道德真理，在日常交流中很多词语被人们误用。例如，像"官方的""神圣的""庄严的""社会可接受的"这类词，很多时候会被用来暗示"正确"或"公正"，即使词语本身没有这种意思。或者，像刚才的例子一样，某件事情有"官方的"立场，这并不代表这一立场是正确的或合理的。某些信仰被认为是"庄严的"或"神圣的"，不代表这些信仰是基于可靠的推理形成的。某些行为被看成是"社会可接受的"，也不代表它们本身是理性的或合理的。

重要的一点是，有时候某些词语的用法表明其符合思维标准，但事实上，这些词语本身并不一定有这种含义。[22]

---

22 谬误言论这种非常常见的现象中就有很多违背思维标准的例子。读者若想了解这些例子，可以阅读本系列丛书之《识别逻辑谬误》。

思维标准是批判性思维的一个重要维度

在这本指导手册中，我们始终围绕思维标准对于推理论证的作用展开讨论，并从多个角度举例说明其作用。但同样重要的是将思维标准作为概念网中的一部分来理解，因为这一概念网构成了批判性思维最本质的概念。以下对批判性思维的定义能够有效地帮助大家理解这一点。[23]

> 批判性思维是一种经过严格训练的思维过程，包括通过观察、实践、反思、推理或交流等过程收集或产生信息，积极巧妙地将信息概念化，加以应用、分析、综合或者评估，以此指导观念或行动。典型的批判性思维超越了学科分界，因其具有以下广泛适用的思维价值：清晰性、准确性、精确性、一致性、相关性、确凿的证据、充分的理由、深刻性、宽广性和公正性。
>
> 批判性思维涉及审查所有推理论证都包括的思维结构或思维要素：目的、问题、当前议题、假设、概念、实证基础、导向结论的推理论证、影响和结果、其他视角、参考框架，等等。由于要对不同学科的事物、议题和目的作出回应，批判性思维存在于相互交织的各种思维模式中，其中有：科学思维、数学思维、历史学思维、人类学思维、经济学思维、道德思维和哲学思维。
>
> 可以说，批判性思维有两种组成要素：(1) 一系列产生并处理信息及观念的方法；(2) 在思考过程中，运用那些方法来指导行为的习惯。因此它不同于：(1) 仅仅是获取和留存信息，因为批判性思维还涉及特定的信息搜集与处理方式；(2) 仅仅拥有一套方法，因为批判性思维还要求持续使用这些方法；(3) 仅仅使用那些方法（"像做练习一样"）而不接受它们带来的结果。
>
> 批判性思维会因其背后动机的不同而不同。当其动机基于私利时，批判性思维常常表现为熟练地操纵思想，从而为某人自身或其所属的群体争取既得利益。因此无论其实用性有多强，它通常有思维上的缺陷。当批判性思维背后的动机是公平与正直，它往往会呈

---

23 定义是 1987 年迈克尔・斯克里文和理查德・保罗为批判性思维国家高层理事会所写的。

现为更高水平的思维,尽管会被那些习惯将它用于牟取个人私利的人批评为"理想主义"。

不论哪种类型的批判性思维都不会通用于所有人,每个人都会在某些时候被不想守规矩或非理性的想法支配。因此批判性思维质量往往是一个程度问题,质量的高低通常取决于在某一特定的思想领域或针对某一系列特定的问题,思考者个人经历的质量和深度。没有人能成为不折不扣的思辨者,只能是在一定程度上做到,因为每个人都会有这样或那样的见解和盲区,都会有各种自我欺骗的倾向。因此,批判性思维技能和特质的培养是需要一生为之努力的事情。

为了理解思维标准最为丰富的内涵,将它同其他思维要素、思维特质或思维倾向联系起来理解是非常重要的。下一页的示意图就是它们之间关系的概况。

思辨者常规性地将思维标准应用到思维的要素中，从而培养其认知特质。

标　准	
清晰性	精确性
准确性	重要性
相关性	完整性
逻辑性	公正性
宽广性	深刻性

必须要应用于

要　素	
目的	推论
问题	概念
视角	影响
信息	假设

与此同时，我们学着培养

认知特质	
认知谦逊	认知毅力
认知自主	信赖推理
认知正直	认知共情
认知勇气	公平公正

在关于"分析"的章节中（详见28至31页），我们已经简要地讨论过思维要素。以此为基础，我们将思维标准运用到具体学科和领域中（详见40至44页）。不仅如此，下一页关于批判性思维技巧、能力和维度的列表中展示了思维要素、思维标准和思维特质之间一些重要的内在关系。

批判性思维的35个维度

A. 情感维度
- 独立思考
- 培养对自我中心主义或社会中心主义的洞察力
- 践行公平公正
- 探析情感背后的思想和思想背后的情感
- 培养认知谦逊,搁置不成熟的判断
- 培养认知勇气
- 培养认知信念或认知正直
- 培养认知毅力
- 信赖推理

B. 认知维度——宏观能力
- 提炼概括,同时避免过度简化
- 对比类似情况:将观点应用到新情境中
- 形成自己的视角:形成或探究观点、论据或理论
- 阐明议题、结论或观点
- 阐明并分析单词或短语的含义
- 制定评估标准:阐明价值和标准
- 评估信息来源的可信度
- 深入提问:提出并探究根本问题或重要问题
- 分析或评估论据、阐释、观点或理论
- 制定或评估解决方案
- 分析或评估行动或政策
- 批判性阅读:阐明或批判文本
- 批判性倾听:沉默对话的艺术
- 建立跨学科联系
- 实践苏格拉底式讨论:阐明并质疑观点、理论或视角
- 对话式推理:对比视角、阐释或理论
- 辩证式推理:评估视角、阐释或理论

(待续)

(续表)

> **C. 认知维度——微观技能**
>
> - 对比理想状态与现实情况的异同
> - 考查思维是否准确：使用批判性词汇
> - 关注主要的相同点和不同点
> - 审视或评估假设
> - 辨别相关与不相关的事实
> - 作出合理的推论、预测或阐释
> - 给出原因，评估证据和可疑事实
> - 辨识矛盾
> - 探析影响与结果

尽管已经详细介绍了思维要素或结构、思维标准、思维特质之间的许多联系[24]，我们仍需更加努力弄明白它们之间的内在联系，然后将这些联系放在人类思想的不同领域和系统中去理解。

让我们想想思维特质和思维标准之间的关系。要想使生活中的思维活动符合思维特质，就需要在特定语境下使用一个或多个思维标准来进行思维判断。不仅如此，思维品质或特质经常以使用某些思维标准为前提。下面是对于三种思维特质的简要介绍。每个解释后面都举出了一些帮助培养该种思维特质的问题，并列出了相关的重要思维标准。

> **认知谦逊** vs. **认知自大**
>
> 明白自身知识的局限性，包括能够敏锐地察觉到在哪些情况下人会由于天生的以自我为中心的倾向而进行自我欺骗；能够敏锐地察觉到偏见以及自身观点的局限性。认知谦逊的前提是个人承认自身知识的局限性。这并不代表怯懦或一味顺从，而意味着这个人要避免思维上的狂妄、自大或自负，也意味着要了解自己的观点是否有逻辑基础。
>
> 帮助培养认知谦逊的问题（每个问题后面都列出了有助于培养认知谦逊的思维标准）：

(待续)

---

24 参见本系列丛书之《什么是分析性思维》。也可以参考理查德·保罗和琳达·埃尔德的作品《批判性思维工具》(第2版)(新泽西州上鞍河：皮尔森/普伦蒂斯·霍尔出版社，2006)。

（续表）

- 我对于自己、对于现状、对于他人、对于我的国家、对于世界上正在发生的事情有怎样的了解？[需要阐明自己的观点，并且准确地分辨自己知道和不知道的事情。]
- 我的思维受到偏见的影响程度有多大？[需要以无私、不偏不倚、中立的方式来考查自己的观点。]
- 在多大程度上我被灌输了可能不正确的观点？[需要审查自己深信无疑的事物以便清晰地阐释它们，公正地思考它们，检查它们是否准确。]
- 那些不加鉴别就接受的观点是如何妨碍我看到事情的真相呢？[需要真实、正确、不加扭曲地看待事物。]

认知共情   **vs. 认知偏狭**

认识到为了真正理解他人，有必要换位思考。认识到由于以自我为中心的倾向，人往往会将即刻的感受或长久的观念与真理等同起来。认知共情与两种能力相关：准确重现他人的观点和论证的能力，以他人的前提、假设以及与我们不同的想法为基础进行论证的能力。这种品质还要求我们牢记：我们曾对自己深信不疑，但我们仍犯下了错误；或许现在我们正犯着同样的错误。

帮助培养认知共情的问题（每个问题后面都列出了有助于培养认知共情的思维标准）：

- 对于我不同意的观点，我的表述准确程度如何？[需要准确阐述相关观点。]
- 对于竞争对手的观点，我能总结得令他们满意吗？我能发现别人的深刻见解以及自己的偏见吗？[需要清晰准确地总结观点；需要用公平、没有偏见的态度去看待与自己不同的观点。]
- 虽然别人和我的思维不同，我能设身处地地对他们的感受产生共情吗？[需要怀着同情和尊敬对待别人的观点；需要对与我们持相反观点的人抱有理智、合理的态度。]

（待续）

（续表）

信赖推理	vs. 不信任推理和证据

要坚信这一点，即从长远的角度来说，当人们在推理论证时拥有最大限度的自由，当人们被鼓励去得出自己的结论时，当人们能够培养理性思维时，人类自身的利益和全人类的利益才会最大化。同时也要相信，通过适当的鼓励和培养，人们能学会为自己思考，学会形成合理的观点，得出合理的结论，有逻辑地考虑问题，通过推理论证说服彼此并成为明理的人。尽管人类头脑中以及人类社会中存在一些根深蒂固的想法，但信赖推理的人能够摆脱这些想法。

帮助培养推理信心的问题（每个问题后面都列出了有助于培养推理信心的思维标准）：

- 当证据表明另一立场更有道理时，我愿意改变自己的立场吗？[需要准确呈现信息；需要在思考议题和问题时做到合理、可靠。]
- 我在尝试说服别人的时候能够遵守合理推理的原则吗，还是会歪曲事实来支持自己的观点？[需要在交流观点时保持合理、理性；需要怀有客观公正的态度；需要准确呈现相关信息。]
- 我认为能"赢"一场争论更重要，还是从更加合理的角度看待问题更重要？[需要认真思考相关的重要观点，并且用公正合理的方法把它们表达出来。]
- 我是会鼓励别人得出他们自己的结论，还是会尝试把自己的观点强加在他们身上呢？[需要保持公正，并且思考自己对待他人的方式。]

我们可以看出，要想培养某种思维特质或思维倾向，首先要培养与之相关的特定思维标准。当我们真正充分理解了思维特质和思维标准之间的关系，同时将二者与思维要素联系起来，我们就能对批判性思维有一个深刻的认识。

结　　论

　　要想培养思维能力，掌握思维标准是必不可少的。要想掌握思维标准，需要内化自然语言中的基本思维标准术语，也需要在日常生活中对问题与议题进行推理论证时达到这些标准。

　　在这本指导手册中，我们希望通过一些基础知识帮助读者培养对思维标准的深入认识，以期这种认识适用于人类各思想领域、各学科领域的思维方式。

　　当人类开始重视思维标准在人类理性文化发展中起到的重要作用时，当人们把思维标准这一概念与批判性思维的丰富内涵联系起来理解时，当我们致力于在日常生活中明确地、常规性地使用思维标准术语时，我们就是在创造一个具有批判性思维的社会，我们在生活中也更加重视批判性思维的价值，更加愿意锻炼批判性思维能力。

参考文献

Adler, M. J. (1940). *How to Read a Book: The Art of Getting a Liberal Education.* New York: Simon and Schuster.

Fromm, E. (1976). *To Have or To Be.* NewYork: Harper and Row Publishers, Inc.

Groopman, J. (2007). *How Doctors Think.* New York: Houghton Mifflin Company.

Newman, J. H. (1996). *The Idea of a University.* New Haven: Yale University Press. (This work was originally published in 1852.)

Paul, R., Elder, L. & Bartell, T. (1997). *California Teacher Preparation for Instruction in Critical Thinking: Research Findings and Policy Recommendations.* Sacramento: California Commission on Teacher Credentialing.

Press Democrat, Dosage Mistakes Plaguing Medicine, November 23, 2007.

Sumner, W. G. (1940). *Folkways: A Study of the Sociological Importance of Usages, Manners, Customs, Mores, and Morals.* NewYork: Ginn and Company. (This work was originally published in 1906.)

Westfall, R. S. (1993). *The Life of Isaac Newton.* NewYork: Cambridge University Press.

The following references were used in formulating the definitions of intellectual standards as indicated by footnotes in the text.

The American Heritage® Dictionary of the English Language, Fourth Edition. Retrieved January 19, 2008, from Dictionary.com website: http: // dictionary.reference.com/browse/truth

The New York Times, Researchers Fail to Reveal Full Drug Pay: Possible Conflicts Seen in Child Psychiatry, June 8, 2008.

附 录

以下示例是对第46页提到的研究项目进行的扩充。针对"你个人对思维规范或标准的理解是什么?"这一问题,本附录也将展示一些模糊或不正确的答案(这是在一项关于大学教学的大型研究中发现的,我们的评论请见括号中)。

"……具体且恰当,并展示了他们的努力……这绝对是主观的……"(这是否意味着,无论学生在课堂上做什么,无论做的质量如何,都是可以接受的?)

"我看看他们的写作……我有一套内在的标准,但它们是直觉式的……当我看到时,我就知道了。"(如果教师不明确他们的标准,学生如何学习这些标准?)

"对更广泛的文化背景敏感——一概而论的概括没有价值。"

"这很模糊……该怎么评价人们是否对某件事进行了批判性思考?"(这似乎意味着,批判性思维是无法评估的,没有办法确定一个人推理论证的质量。)

"这是相当深奥的。反映一个人思维水平的道德观和真理观是主要的考虑因素,而这些都是学生自己确定的。要让每个学生确定自己的标准。"(学生已经有他们自己的思考标准。问题是,这些标准通常不符合思维标准。例如,他们判断一个想法是否合理,通常会看他们的朋辈群体是否相信这种想法。如果允许学生决定自己的标准,我们就无法期待他们进行高质量的推理论证。)

"你采取的任何立场都是有偏见的……要融入学生的标准……"(这种说法的前半部分似乎表示,不可能对任何问题都保持客观,也不可能在考虑其他相关观点时都公正客观。)

"我寻找的是多维度的、更高层次的、整体的思维,而不是传统的、非此即彼的东西……着眼于所有的角度……以及表达自己的能力。"

"如果观点是他们自己通过推理论证得出的,那么他们就有权享有。"(如果他们的推理论证不充分怎么办?从逻辑上讲,他们有权享有那些没有充分根据的观点吗?)

"准确性并不唯一……要保持开放,不要太固执己见,低质量的思考往往不考虑其他选择。"(这是否意味着对学生来说进行准确的思考并不重要?例如,当他们试图针对一个问题提出解决方案时,他们是否应该收集不准确的信息来应对这个问题?)

"这对你来说是真的吗?根据你的生活经历,这些论点听起来是真的吗?"

"布鲁姆的分类可以成为看待思维标准的方式。"

"……非常复杂……多元智力的视角……加德纳……瑟斯通。我们在看待智力方面过于短视。必须把它分解成独立的领域。"(多元智力与思维标准有何关系?)

"写作标准,比如正确的语法和标点符号。图表必须整齐并正确标注。条理清晰的学习反思日志。"

"我会惯性地犯各种逻辑谬误。我什么都想不起来了。学生是否在自相矛盾?他们的文章逻辑顺畅吗?使用其他观点进行比较。"

"这是一场正在进行的辩论。多元性是认知能力的必然要求吗?你如何定义认知对话?有狭隘的视角,也有广义的视角。原创思维。"(如果教师不清楚如何定义认知对话,那么该教师如何教会学生从认知层面参与到讨论中?)

"学术能力以及这种能力在实践中的应用。用来判断一篇社论或某人想法的直觉和背景知识。"("学术能力"是什么意思?如何向学生教授合理的"直觉"?)

"我们的思维标准可能一直都是自己设置的。"

"……将他们的知识与我的知识进行对比……不去判断他们的思维是否准确(这将由我来教他们)……我相信他们会利用他们的知识/背景提出自己的观点;尊重其他观点,允许他们并不准确。"(学生如何学习评估别人的观点，如何确定这些观点是否有缺陷或是否合理？）

"获取信息（数据）并将其应用于另一个系统。"

"……开放的心态……不同的人有不同的价值观。"

"希望它们首先是规范、客观的，最后是有价值的。你更加喜欢某些事情。我对此满意吗？如果满意，就可以了。"（学生们如何才能知道他们是否应该对某件事感到"满意"呢？）